Osprey Elite
オスプレイ・ミリタリー・シリーズ

世界の軍装と戦術
6

日本軍落下傘部隊

[著]
ゴードン・L・ロトマン、滝沢 彰
[カラー・イラスト]
マイク・チャペル、アダム・フック
[訳]
九頭龍わたる
[監修]
鈴木邦宏

Japanese Paratroop Forces of World War II

Text by
Gordon L. Rottman & Akira Takizawa

Illustrated by
Mike Chappell & Adam Hook

大日本絵画

目次 contents

頁	章
3	序章 INTRODUCTION
8	第1章　編成 ORGANIZATION
14	第2章　火器と装備 WEAPONS & EQUIPMENT
20	第3章　1942年の空挺作戦 AIRBORNE OPERATION, 1942

横須賀第一特別陸戦隊によるメナド降下作戦
横須賀第三特別陸戦隊によるクーパン降下作戦
作戦の経過
海軍落下傘部隊、その後
挺進第二連隊によるパレンバン降下作戦
計画
L-1日：飛行場の戦闘
L-1日：精油所の戦闘
L日当日
挺進団、その後

45　第4章　1944〜45年の空挺作戦 AIRBORNE OPERATIONS, 1944-45

レイテ作戦　OPERATION ON LEYTE
薫空挺隊、1944年11月　The Kaoru Airborne Raiding Detachment, Novemver 1944
第二挺進団、1944年12月　The 2nd Raiding Brigade, December 1944
ブラウエン挺進　The Burauen raid
オルモックの戦闘　The battle of Ormoc
レイテ以後の第二挺進団　The 2nd Raiding Brigade after Leyte
ルソン島の第一挺進集団　THE 1st RAIDING GROUP ON LUZON
沖縄の義烈空挺隊　THE GIRETSU AIRBORNE UNIT IN OKINAWA
日本軍落下傘部隊の最後　The last of Japan's paratroopers

61　巻末イラスト解説 Plate commentaries

◎著者紹介

ゴードン・L・ロトマン
1967年にアメリカ陸軍入隊、特殊部隊に志願。火器特技兵として訓練を終了する。1969-70年は第5特殊部隊群勤務でヴェトナムに。その後は空挺歩兵部隊、長距離偵察部隊を経て情報部門に所属、勤続26年で退役。統合準備訓練センターの特殊作戦部隊シナリオ・ライターを務めた後、フリーランスのライターとなって現在に至る。テキサス州サイプレス在住。

滝沢 彰
1954年生まれ、東京大学で歴史学を専攻。コンピューター・プログラマーとしてウォー・ゲームの開発に携わる。現在は旧日本陸軍の研究に専念、関連のウェブサイトを運営するほか、日本戦車研究グループ「j-tank」のメンバーに名を連ねる。妻と東京在住。

◎イラストレーター紹介

マイク・チャペル
1952年から22年に渡ってイギリス陸軍歩兵科に勤務、10代の一兵卒からスタートして、連隊付曹長で退役する。ミリタリー関係のイラストレーター兼ライターとして世界的名声を得た後は、オスプレイ刊の多数の書籍に、その両方の立場から携わっている。近年はフランス在住。

アダム・フック
グラフィック・デザインを学び、1983年からイラストレーターとして活動を始める。精密な歴史的復元画を得意とし、オスプレイ刊のアステカ文明、ギリシア文明、アメリカ南北戦争、アメリカ独立戦争などをテーマにした書籍にイラストを提供している。その作品は各種の出版物や展覧会などを通じて、世界的評価を得ている。

◎翻訳者紹介

九頭龍わたる
明治大学文学部卒、翻訳家。守備範囲は戦争ノンフィクション、冒険小説、現代イギリス小説。小社刊の出版物としてはオスプレイ"対決"シリーズ第1巻『P-51 マスタング vs フォッケウルフ Fw190』、『スーパーマリン・スピットファイアのすべて』など。

謝　辞

本書の執筆にあたり、著者は以下の諸氏、諸施設のご協力に負うところ大であり、ここにそのお名前を記して感謝申し上げます。田中賢一、中田忠夫、土居 隆、ハリー・ピュー（シュート・アンド・ダガー）、ウィリアム・ハワード（テクニカル・インテリジェンス・ミュージアム）、横浜旧軍無線通信資料館、船橋空挺館——以上順不同敬称略。

序章
INTRODUCTION

　先進的各国において、落下傘(パラシュート)降下の公開実演が小規模ながらも実施されたのは、1920年代末にさかのぼる。だが、いずれの戦争主導国にあっても、本格的な空挺部隊——飛行機もしくは滑空機(グライダー)で空輸され、落下傘降下によって戦線参入する部隊——の誕生は、さらに10年後、まさに第二次世界大戦前夜のことになる。しかも、1939年の時点で戦術的に有効と判断されるレベルの空挺部隊を保有していたのは、ドイツとソ連に限られた。その他アメリカやイギリス、イタリアと同様に、日本が空挺部隊の創設に着手したのは、1940年（昭和15年）春、この分野におけるドイツの成功を確認してからである。

　大日本帝国陸軍と同海軍は、ここでも例によってライバル関係にあった。つまり、空挺部隊の創設と発展に際しても、陸海の双方が不必要に同じ目的を追求するおなじみのパターンが繰り返され、装備器材の互換性が図られることもなく、そこには何の協調連携も見いだし得なかった。ともあれ、陸軍と海軍ともに、1942年には、落下傘降下作戦でそこそこの成功をみている。その後、さらなる作戦も策定されたものの、戦局の急変とともに取りやめとなった。1942年も半ばを過ぎて、日本がもっぱら守勢に追い込まれて以降は、空挺作戦が実施されることもなくなり、辛うじて1944年末から1945年初頭に、一部の飛行場に対する降下強襲が実行されるにとどまっている。

　とは言え、実際に敢行された作戦もさることながら、その潜在的脅威によって、日本軍空挺部隊が連合軍を足止めするだけの有効性を発揮したのは確かだ。一例を挙げると、1941年12月8日、ルソン島の米軍フィリピン師団は、日本軍の落下傘部隊が降下したとの一報を受けて、バンバン～アラヤットに防衛線を敷くため、マッキンリー基地を発った。結局これは誤報だったことが判明したが、このために同師団はクラーク航空基地に移駐させられたのだった。

　そもそも日本軍の空挺部隊に関する（英文の）文献は極端に少ない。そのなかで最もよく知られ、かつ信頼に値するのは、米陸軍情報部の研究リポート『Japanese Parachute Troops, Special Series No32』（1945年7月刊行）を中心とした、戦時の情報部報告ということになるだろう。もっとも、この小冊子に盛り込まれた情報はおおむね正しいのだが、なかにはまったくの事実誤認や誤った評価も散見され、それらが訂正されることなく他に繰り返し引用されている例もある。たとえば、同研究リポートには「1941年秋、ドイツより教官約100名が日本に派遣さる」との記述がある。だが実際には、落下傘部隊の創設や訓練、運用方針の確立に際して、ドイツから日本に対して何らかの支援がなされたという事実はない。日本の落下傘部隊の訓練指導態勢・装備と編成・用兵思想は、駐在武官の報告などを通

海軍落下傘兵の一例。着用しているのは海軍の濃いオリーブ・グリーンの上下セパレート式降服。型違いがあって、これはポケットが複数個並んでいるタイプ。降下袴の右大腿部前面にある幅の狭いポケットにも注目。ここには信号用の手旗が入る。訓練時にはダーク・ブラウンの革製の三十式夏用航空帽、夏用航空手袋を装着した。(中田忠夫氏所蔵)

山辺中尉の1001号実験研究隊が装備と降下技術の研究中だった1941年、横須賀にて撮影の一葉。ここで使用されている落下傘は手動で曳索を引いて開傘させる九七式座褥型。九六式陸攻改造の輸送機／連合軍コード名"ティナ"の扉開口部は非常に狭く、そのためこのように窮屈な跳び出し姿勢が強いられた。これではひとりひとりの降下に手間取り、降下員の着地点が分散する傾向に拍車がかかった。

じて他国の実績に学ぶところが多かったにせよ、あくまでも日本が独自に開発し、発展させたものだった。さらに米軍情報部のリポートには、日本が国内のみならず満州や中国にも多くの落下傘訓練センターを設置して、1941年7月から同年末までの期間中に約15,000名の落下傘兵を養成したとも記されている。これがまた大幅に誇張された数字なのだが、その根拠となったのは、歪曲と誇張を常套的手法とした当の日本側の新聞発表その他の記事だろう。また、同リポートは「1943～44年に日本軍が中国・湖南省で実施した降下作戦」に言及している。だが、これもそうした事実はない。なるほど、落下傘を用いての物料投下はそれなりの規模でおこなわれたのだが――。

落下傘部隊創設の経緯――帝国陸軍の場合――
Origins of IJA parachute units

　大日本帝国陸軍の落下傘部隊創設の主導者は、東条英機陸相兼参謀総長 [訳注1] だったと言われている。ドイツ軍の落下傘猟兵（ファルシルムイェーガー）の成功におおいに刺激された東条は、帝国陸軍にも同種の部隊を創設するよう指示した。それを受けて、浜松の陸軍飛行学校に最初の落下傘練習部が置かれたのが1940年（昭和15年）12月のことだ。このとき、初代練習部長に任命された河島慶吾中佐（当時）のもとに、幹部要員として10名の航空兵科将校が集まった。極秘の『河島隊』の誕生である。落下傘降下の経験者は皆無だったが、彼らは入手できるかぎりの資料を研究し、手探りで訓練指導要領を編み出していった。まずは試験的に人形（ダミー）を落下傘投下することから始め、教範の作成を経て、1941年2月20日には第1回目の実地降下訓練が実施されたのだった。

　すでに2月中旬には、部隊の半数が東京・市ヶ谷の予科士官学校に移って、第一期の練習員250名を受け入れた。全員が、いずれは落下傘部隊の増設・拡充に備えて、その基幹要員や教官要員となるべく集まった下士官の志願者だったが、第2期には兵卒も加わっている。落下傘兵には着地時の怪我を防ぐために体操選手並みの機敏さ柔軟さが必要と考えられていた

訳注1：1938年＝昭和13年12月に陸軍航空総監に就任、昭和15年7月より陸相、同16年10月には首相兼任、さらに同19年2月には参謀総長就任。

滑空姿勢の訓練。訓練生は白の事業服の上にスモック風の降下外被を重ね、一式特型の縛帯を装着している。一式特型落下傘は一点吊り方式を採用していたため、このような前傾姿勢が強いられるうえ、吊索を掴んで空中で落下傘を操作することができない。一点吊りは、この分野における先輩格のドイツの落下傘を参考にしたもので、当然ながら、その弱点も共有することになった。

訳注2：操縦者用九七式、ついで同乗者用九二式。

ことから、訓練はそれに基づいて、初歩的な肉体改造から始められた。そのためか、部隊は「河島サーカス」の異名を獲得することにもなる。志願者のほとんどが20〜25歳、将校は28歳が上限年齢とされたが、連隊付将校の場合は35歳まで可とされた。将校の大半は陸軍航空隊配属となり、たとえば河島大佐は第一挺進飛行団司令を拝命する（後述）。

　徹底的な肉体鍛錬のあとには、地上講習が待っていた。そして1941年3月、訓練の場は所沢の航空整備学校に移された。同地には着地訓練用の設備が整えられていたからだ。実のところ、当時、落下傘降下を擬似体験（シミュレート）できる施設はなきに等しかったが、辛うじて一ヶ所、東京郊外・二子玉川の読売遊園地に高さ165フィート（約50m）の落下傘塔というものがあった。スリルを求める来園者たちが、落下傘を装着のうえケーブルで巻き上げられ、塔の上から跳び降りるというアトラクションである。落下傘部隊の存在はまだ秘匿されていたため、練習員たちは学生を装って入場するよう指示され、そのうえで2〜3回の模擬降下を体験したという。

　また、浜松でもその後4回の降下訓練が実施された。初回は単独で、2回目は一定の間隔をおいての連続降下、3回目は集団降下、4回目は火器と装備を携帯しての武装降下だった。当初使用された落下傘は、航空機搭乗員に支給されるのと同じ型［訳注2］のものだったが、改善の余地ありと判断され、落下傘兵専用の一式落下傘（1941）の開発・制式化に至った。浜松の第3期練習員以降は、この新型落下傘を使用している（落下傘の詳細は後述）。また、降下訓練には中島九七式輸送機／連合軍コード名"ソーラ"が使用された。ダグラスDC-2を手本に設計された国産輸送機である。

輸送機によくある例だが、この九六式輸送機も爆撃機からの改造型で、海軍で広く使用され、連合軍には"ティナ"と呼ばれた。本来の爆撃機型（三菱G3M）は"ネル"の連合軍コード名で知られる。

ただし、輸送人員7名はいかにも少なく、作戦に際してというより、そもそも降下訓練に使用するにも、その使い勝手に限度があった。

　1941年（昭和16年）5月、東条陸相の指示で、部隊は満州の白城子に移駐する。練習員の増員に伴って、浜松の飛行学校では手狭になった──というのは表向きの理由で、白城子ほどの遠隔地であれば部隊の機密保持にも適当であろうとみなされたからだった。だが、その反面で、装備の開発を担当する部局との密な連絡に支障をきたすようになり、結局のところ、同年8月に部隊は日本に戻って、宮崎県高鍋の新田原飛行場に駐屯することになった。以降、新田原は終戦まで陸軍落下傘部隊の根拠地（センター）として機能する。

　そして第5期練習員の訓練も終了する頃、1941年12月1日、第1〜3期800名をもって、挺身第一連隊が創設の運びとなった。その数日後には、久米精一大佐の指揮下に第一挺身団司令部が発足、あわせて挺身輸送第一飛行隊も編成された。続いて1942年1月には、第4〜5期練習員をもって、挺身第二連隊が編成されている。

創設の経緯──帝国海軍の場合──
Origins of IJN parachute units

　1940年11月、横須賀海軍航空隊に小規模な実験部隊が設置された。1001号実験研究と称されたプロジェクトの現場指揮にあたったのは山辺雅男中尉、彼のもとに集まった研究員は26名である。彼らは人形（ダミー）を用いた落下傘テストから始めて、早くも1941年1月15日には第一回目の実地降下に臨んでいる［訳注3］。なお、当初使用された落下傘が航空機搭乗員の緊急脱出用のものであった点は、ライバルたる陸軍の落下傘練習部隊と同様だった。

　帝国海軍は、海外の海軍関係施設の警備と防御のため、固有専属の一大戦力を擁していた。いわゆる「陸上部隊」である。特別陸戦隊もこの系統に属し、上陸強襲に投入される大隊規模の部隊だった（英文表記では

訳注3：横須賀海軍航空隊司令宛に落下傘部隊編成の基礎研究を実施するよう、軍令部から訓令が発せられたのは上記の1940年＝昭和15年11月。指定された期間は約4ヶ月と極端に短かった。

九六式輸送機から跳び出した海軍の落下傘訓練生。落下傘は手動開傘式。操作手順を誤ると不開傘につながるということのほか、本来は航空兵の脱出用落下傘を、落下傘降下兵に使用させること自体に問題があった。低高度から、各種装備を携行して降りる落下傘兵には、この落下傘で安定した空中姿勢をとり、なおかつそれを維持することは困難で、開傘の瞬間に傘体や吊索が身体あるいは装備に絡みつく危険があり、そうなれば致命的な事故につながった。

Special Naval Landing Forces；略称SNLFとする。ちなみに彼らを「帝国海兵隊」のように言及するのは正しくない）。やがて創設される2個の海軍落下傘部隊は、この特別陸戦隊の一部という位置づけだった。慣例として、部隊の名称には編成地となった海軍基地の地名が付与される。したがって、この場合は「横須賀」が部隊名称に冠されることになる。

　1941年6月、1001号実験研究員は研究終了とともに館山の海軍砲術学校に移り、志願者の訓練を開始する。志願者は少なくとも2年の軍務経験を有する30歳未満の者に限られた。続いて9月には海軍大臣命令が下り、各750名規模の落下傘部隊2個の編成が決定する。11月末日までに編成作業と訓練を完了していなければならないというハード・スケジュールだった。かくも短期間で1,500名の落下傘兵を養成するのは、困難を通り越して無謀に近い企てだったとも言える。第一期生・第二期生の訓練期間はそれぞれ1週間と10日間に過ぎなかったし、その後の入隊者の訓練期間も2週間の速成コースだった。たとえば、ある一日の訓練内容は、体操2時間・ブランコと跳び出しの練習が1時間・落下傘の折りたたみ整備3時間・降下に関する理論講習1時間といった具合だった。

　この準備期間を経て、訓練生は降下訓練に臨んだ。まずは、降下への不安を払拭し、自信をつけるためのステップとして、各自が自分で折りたたんだ落下傘をダミーに装着し、これを投下する訓練が実施された。その後、彼らは計6回の降下に挑んだという。海に近い館山での降下訓練は、強風の影響を受けやすい。突風にあおられる、海面に降下するなどで、訓練中に数名の死者が出た。

　こうして、死と隣り合わせの訓練が終了し、横須賀鎮守府に2個の落下傘部隊が誕生したのは1941年11月15日のことだ。その名も横須賀鎮守府第一特別陸戦隊──司令堀内豊秋海軍中佐──、同第三特別陸戦隊──司令福見幸一海軍少佐──である。司令の名を冠して、それぞれ「堀内部隊」「福見部隊」とも呼ばれた。

第1章　編成
ORGANIZATION

陸軍挺進部隊
IJA Rading units

　落下傘降下で戦線参入する兵と言えば「落下傘兵」ということになるが、旧帝国陸軍ではこれに「挺進」の用語を充てた。文字どおりの意味では「突進すること」「危険を冒して前進すること」だ。もとは1904〜05年の日露戦争当時に、騎兵科で急襲作戦の際に使用された言葉と言われている。第二次世界大戦時には、陸軍の落下傘部隊、滑空機部隊その他の空輸部隊を総称して「空中挺進部隊」と言った。略して「空挺部隊」である[訳注4]。

　帝国陸軍の歩兵連隊は、1,100名の大隊×3個編成を基幹とする総数3,800名というのが標準的な規模だったが、それとは異なり、挺進連隊は約700名の大隊規模の部隊で、少佐の階級にある者がこれを指揮した。編成内容から言えば軽歩兵大隊に相当し、中隊の兵力を約160名、小隊を34名前後とした。1942年（昭和17年）初頭に編成完了した第一挺進団は、この挺進2個連隊と、固有専属の輸送飛行1個連隊で構成されていた。

第一挺進団
団司令部　久米精一大佐
　挺進第一連隊　武田丈夫少佐
　挺進第二連隊　甲村武雄少佐
挺進飛行戦隊　新原季人少佐
　輸送飛行中隊×4個（立川ロ式貨物輸送機／連合軍コード名"テルマ"または三菱百式輸送機／連合軍コード名"トプシー"各中隊12機）
　飛行場中隊

挺進連隊（昭和17年）
連隊本部
第一〜第三中隊：
　中隊本部

訳注4：ちなみに広辞苑第六版によれば「挺進」とは「多くのものの中からぬきん出て進むこと」である。また「特に陸軍で挺進といえば、敵の第一線の奥深く進入して敵の動勢・兵力・進路を探り、チャンスがあれば守備兵を倒して物資集積所・駅・橋を爆破する任務のことで、挺進隊とはそのグループ」であり、日露戦争時に騎兵で編成された「建川挺進隊」の活躍で「挺進」の語が広く国民に知れ渡った後、太平洋戦争時には空からの奇襲作戦を敢行する陸軍落下傘部隊が「空挺隊」と称されるようになって、現在の自衛隊に踏襲されている──以上、広辞苑および寺田近雄著『日本軍隊用語集』より引用、要約。

三菱キ-57（百式輸送機）／連合軍コード名"トプシー"は、落下傘兵の空輸機として陸軍が積極的に使用し、海軍も「零式輸送機」として利用することがあった。これは大日本航空所有の機体であり、同社は軍当局と輸送業務を請け負う契約を交わしていた。（毎日新聞社）

監修註1：十一年式平射歩兵砲のことか？

訳注5：航空兵団参謀、陸軍航空本部員などを歴任した佐藤勝雄中佐のことか。

降下訓練のため百式輸送機に搭乗する第一挺進団員。カーキ色のつなぎ式の降下服に、カーキ色の長袖スモック風の降下外被を重ねて着用している。一式落下傘の収納袋のオレンジ色と、縁取り紐と縛帯のグリーンが鮮やかなコントラストを見せていたことだろう。垂直尾翼に描かれた第一挺進団の部隊章は赤（図版Aを参照のこと）。これは第一挺進集団にも引き継がれる。機体には地肌に直接緑の斑点迷彩が施されている。（監修註：昭和17年2月14日、パレンバン戦のものとする資料もある）

小銃小隊×3個；各3個小銃分隊編成
　　軽機関銃×1、擲弾筒×2〜3
重機関銃小隊（重機関銃×2、必要に応じて増強）
　　速射砲分隊（37粍速射砲×1または20粍自動砲×1もしくは37粍歩兵砲×1 [監修註1] のいずれか）
第四中隊（工兵）：
　中隊本部
　工兵小隊×3個（火炎放射器、破壊筒）

　帝国陸軍の空挺部隊は、固有の輸送機部隊を擁していたことに諸外国の空挺部隊と一線を画する特色があって、それが訓練のみならず作戦遂行においても、その進捗におおいに貢献するとともに、搭乗員の訓練の効率化にも役立ち、部隊間の協調連携を改善し、連帯感を高めたと思われる。とは言え、実際の作戦に際しては、必ずしも固有の部隊がともに配されるとは限らず、他の輸送飛行部隊に頼らねばならないことも珍しくなかった。帝国陸軍落下傘部隊の創設に携わったひとりである佐藤 [訳注5] は、当時を回想して次のように述べている。「太平洋戦争が始まってからでさえ、陸軍の輸送機は、民間の航空会社から機体を徴発してこれに充てる例が散見されました。そんなわけですから、兵員輸送をもっぱらとする飛行隊を確保するなど、なかなか認められませんでした。ただ、その飛行隊が挺進部隊に配されるとなれば、話は別だったのです。」

　この発言には、いささかの補足説明が必要だろう。そもそも帝国陸軍には、航空輸送については民間依存の姿勢が定着していて、軍用輸送機の開発と利用にも制限が設けられてきた。各種の装備器材は何であれまず攻撃部隊に振り向けられるのが基本だったからだ。それでも、攻撃一辺倒の思想に染まった陸軍首脳部は「挺進」という部隊名称に惹かれるところがあったのか、「挺進」飛行隊への輸送機配備をあっさりと承認したのだった。

迷彩塗装の川崎キ-56（一式貨物輸送機）／連合軍コード名"サライア"に乗り込む挺進兵。陸軍の輸送機としては二線級の扱いだったが、それなりに活躍した。立川ロ式の改良モデルで、ロッキード14スーパーエレクトラのコピーであった。（監修註：一式貨物輸送機は立川が生産していたロ式輸送機を改良したもの。ロ式の胴体を約1.5m延長して低速時の安定性が向上し、また貨物室の容積も約20％増加した。ただし速力、上昇性能などは若干低下した。総生産数121機。なお、ロ式輸送機は45機生産）

挺進集団への昇格
From brigade to quasi-division

　1944年（昭和19年）11月21日、それまで帝国陸軍唯一の落下傘部隊だった第一挺進団は、隷下の各隊を整理統合することにより、第一挺進集団に改編された。これは一個の師団たる諸条件を満たしていなかったために選択された名称である。とは言え、その指揮下の将兵は12,000名を数え、師団に匹敵する一大戦力ではあった。

　司令官は塚田理喜智少将、陸軍航空隊が本格的な拡充期に入るまでは歩兵科勤務だったが、自ら飛行訓練に乗り出した。飛行教官の経験もあり、1930年代には旅団から軍に至る各レベルの参謀部に勤務したほか、飛行戦隊および飛行団の指揮官を務めている。1944年2月からは第三航空軍の参謀長に、続いて同8月には挺進練習部長に補任された。こうした幅広い知識と経験の持ち主が、新たな戦略単位として無視できない空地編合部隊の司令官に任命されたのは、理にかなった人選だった。

　もっとも、師団並みの形態を整えたとは言え、その戦闘能力は師団級と言うわけにはいかなかったようだ。あわせて6個の挺進連隊および滑空歩兵連隊は「連隊」と称していても、その実質は軽歩兵大隊に過ぎなかった。標準的な師団の9個歩兵大隊編成と比較しても、規模が小さいのは一目瞭然だった。しかも、砲兵部隊が配されず、戦闘支援部隊は最小限の規模に抑えられ、整備と補給は外部の兵站部隊に依存した。通常の師団における「師団部隊」に相当する部隊は、2個中隊規模の大隊として、もしくは単独の中隊として編成されたが、彼らは落下傘訓練を受けず、滑空機または輸送機を利用する空輸部隊だった。

第一挺進集団（昭和19年）
　団司令部　　塚田理喜智少将
　第一挺進団　中村勇大佐
　　挺進第一連隊　山田秀男中佐
　　挺進第二連隊　大崎邦男中佐
　第二挺進団　徳永賢治大佐

立川「LO」の狭い機内は、いかにも窮屈そうだ。本機はロッキード14スーパーエレクトラをもとに開発された小型輸送機で、連合軍コード名は"テルマ"。この挺進兵たちは小銃を携行して降下する試験に臨むところと思われる。小銃は布に包まれている。布カバーをかけた鉄帽、降下外被の襟を留めるタブにも注目。鉄帽は布の内張に留め付けられた丈夫なテープ状の顎紐で固定され、その上から脇を覆う帽垂れを被せる。帽垂れは革ストラップ付きで、それを左顎にある二重リングに前後させながら通して締める。鉄帽の鉢部分の縁の内側には布パッドが当てられている。

　挺進第三連隊　　　白井恒春少佐
　挺進第四連隊　　　斉田治作少佐
　滑空歩兵第一連隊　山本春一少佐
　滑空歩兵第二連隊　高屋三郎少佐

第一挺進飛行団　河島慶吾大佐
　挺進飛行第一戦隊　新原季人中佐
　挺進飛行第二戦隊　砺田侃少佐
　滑空飛行第一戦隊　北浦尊福中佐
　第一挺進飛行団通信隊
　第百一～百三飛行場中隊

第一挺進工兵隊　　福本留一少佐
第一挺進通信隊　　坂上久義大尉
第一挺進機関砲隊　田村和雄大尉
第一挺進整備隊　　伊佐見健二少佐
第一挺進戦車隊　　田中賢一少佐

挺進連隊（昭和19年）
Raiding Regiment, 1944

連隊本部
第一～第三中隊
作業中隊
重火器中隊：
　中隊本部
　速射砲小隊（九四式速射砲／九七式曲射歩兵砲×4）
　大隊砲小隊（九二式歩兵砲×4）
　機関銃小隊（九二式重機関銃×2）

挺進連隊は総員816名、火力は二式7.7㎜歩兵銃445挺、九四式8㎜拳銃

日本でも滑空機は何種類か開発されたが、主として訓練用だった。標準的な輸送用滑空機と言えば四式特殊輸送機。写真は日国航空ク-七真鶴試作輸送滑空機。昭和19年7月完成。試作は1機のみで実戦は出ていない。

769挺、九九式7.7mm軽機関銃27挺、九二式7.7mm重機関銃6挺、九二式70mm歩兵砲4門、九四式37mm速射砲4門またはそれに代えて九七式80mm曲射歩兵砲4門である。第四中隊の呼称は廃されて作業中隊となったほか、分隊支援火器の集中運用を目指して重火器中隊が設けられた。また、作業中隊は三式火炎放射器と爆薬を装備した。

滑空歩兵連隊は、1943年8月に新設された挺進第五連隊を基幹として、また新たに編成された部隊である。隊員は一般の歩兵部隊からの配転で揃え、落下傘降下の訓練はなされなかった。

滑空歩兵連隊（昭和19年）
Glider Infantry Regiment, 1944

連隊本部
第一〜第三中隊
作業中隊
速射砲中隊（一式速射砲×4）
山砲中隊（九四式山砲×4）

第一挺進工兵隊も滑空機による空輸部隊であり、本部は小規模ながら、2個工兵中隊のほかに1個器材小隊を有し、軽工兵器材と九五式小型自動貨車（トラック）を装備した。同じく第一挺進通信隊は、本部のほかに有線中隊と無線中隊各1個という構成で、当初は、挺進集団の各連隊その他に電話班、無線班が配される予定だった。第一挺進機関砲隊は、空中目標と地上目標の双方に使用できる九八式20mm機関砲6門を装備する中隊級の部隊だった。第一挺進整備隊は、本部のほか航空ならびに地上の2個整備中隊が揃っていた。

かねてより帝国陸軍は、軽戦車をグライダーで輸送する構想を抱き、大型滑空機の日本国際ク-七（搭載量7トン）の開発を進めていた。だが、実際に完成をみたのは、わずか1機にすぎない［監修註2］。

第一挺進戦車隊は、挺進集団にある程度の機動火力を確保するという意図のもとに編成されたもので、戦車中隊と歩兵中隊各1個を擁する小規模な連合機動部隊だった。また、そのほかに歩兵中隊および滑空連隊に機動力を提供する自動車中隊が設けられたが、彼らが戦車隊の指揮下に配されたのは主として車両整備の便宜を考えてのことでもあった。1945年（昭和20年）になって編成された速射砲中隊には、一式47mm砲4門と弾薬運搬用の九四式3/4トン被牽引車（トレーラー）、そしてこれらを牽引する九四

監修註2：1機が完成したのみで2号機はハ-26 II（900馬力）を装備したキ-105輸送機となった。キ-105の生産数は5機から10機といわれている。

式軽装甲車12両が装備された。

▼第一挺進戦車隊（昭和19年）
戦車隊本部（二式装甲車×2）
戦車中隊（二式軽装甲車×12）
歩兵中隊
速射砲中隊（一式47㎜砲×4、九四式軽装甲車×12）
自動車中隊（九五式小型自動貨車約60台）
材料廠（整備）

　2個の挺進飛行戦隊は、それぞれ輸送飛行中隊3個で構成された。各中隊は百式輸送機を最低9機と、物料投下用として中島百式重爆撃機／連合軍コード名"ヘレン"1機を装備した。
　滑空飛行第一戦隊は、ク-八Ⅱ型滑空機／連合軍コード名"ガンダー"18機、そしてその曳行機として百式重爆8機を装備した。

海軍落下傘部隊
Naval parachute units

　横須賀鎮守府第一および第二特別陸戦隊は、軽歩兵大隊規模の各750名で編成された（このほかの特別陸戦隊は、より大規模で重装備なのが通例だった）。付属する支援部隊の兵力は不明である。本部中隊は小隊または分隊規模の部隊×6個の計150名という構成で、指揮小隊は偵察・通信・伝令の各分隊から成る。各中隊140名、各小隊は小銃分隊3個に擲弾筒分隊1個、それぞれ11名編成の計45名だった。降下員の輸送に使用された機体は、三菱九六式輸送機／連合軍コード名"ティナ"と三菱一式大型陸上輸送機である。

▼横須賀鎮守府第一・第三特別陸戦隊
特別陸戦隊本部
本部中隊：
　中隊本部
　主計隊
　通信隊
　運輸隊
　破壊隊
　医務隊
　整備隊
　指揮小隊
小銃中隊（第一〜第三）：
　中隊本部
　小銃小隊×3個（各隊とも軽機関銃×3、擲弾筒×4）
　重機関銃小隊（重機関銃×2）
　速射砲隊（37粍速射砲×2）

口径7.7mmの二式"分解"歩兵銃。昭和18年から支給された。真鍮の銃口蓋に注目。二式小銃には前床に単脚架が装着されているが、写真の例では取り外されている。二式は百式の後継銃だったが、不評だった百式は銃床右側のロッキング・ピンを欠いていたことと、磨きあげられた銃尾が特徴だった。両者とも全長1,117mm、重量3.9kg、給弾は日本のボルト・アクション式ライフル銃の常として、固定弾倉に挿弾子で5発ずつ送り込む方式だった。（監修註：結合強度は高い優秀な銃であり、映画「ダーティーハリー」でもスポーターに改造したものが使用された）

第2章　火器と装備
WEAPONS & EQUIPMENT

小火器
Small arms

　日本軍落下傘兵は、一般の歩兵火器を使用したが、小火器の多くは降下時の便宜を考えて銃床を折りたたみ式としたり、二部式に分解できるよう改造が加えられた。ただし、そうした改修火器が支給されたのは1943年（昭和18年）以降のことだった点に留意すべきである。

　1943年以前、陸軍落下傘兵（挺進兵）は、口径7.7mmの九九式短小銃と、同口径の九九式軽機関銃を使用した。また、海軍落下傘兵は、口径6.5mmの三八式騎兵銃と、やはり銃弾の共用性を考えて、同口径の九六式軽機関銃を使用した。当初は個人携行火器も物料箱（カーゴ・コンテナ）に入れて別に投下しなければならなかったため、降下時の武装は手榴弾と拳銃──口径8mmの九四式もしくは十四年式拳銃、三十年式銃剣、手榴弾2個あるいはそれ以上──に限られたが、これはドイツの先例にならったものだ。なお、手榴弾は高性

日本海軍落下傘兵に扮した日系二世。胸に装着しているのは百式機関短銃を分解して携行するための降下用機関短銃嚢。縛帯のD環を介して取り付けられるが、ここには本来は予備傘嚢がおさまるはず。低高度からの戦闘降下には予備傘は必要なしとされていたようだ。

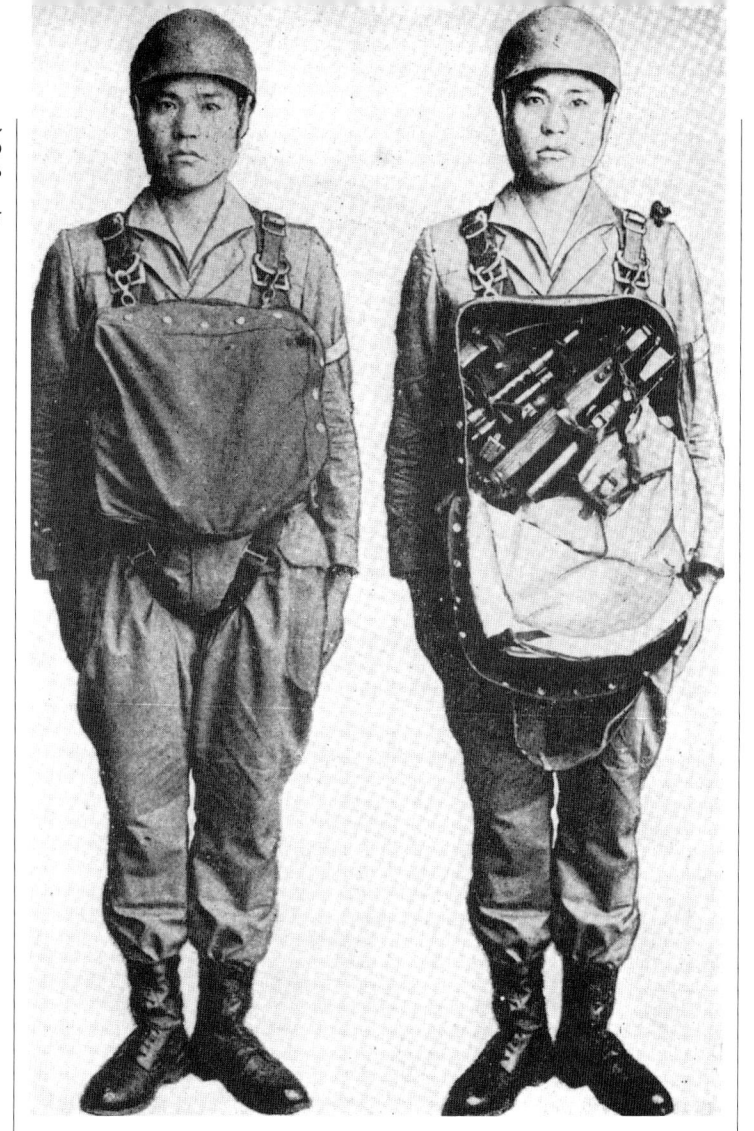

能爆薬を封入した榴弾タイプのほか、黄燐弾その他発煙弾、催涙弾タイプもあった。基本的な火器を携行して降下するのが落下傘兵の作戦遂行の重要なポイントになることは、初期の戦訓からも明らかだった（彼らの携行火器の詳細については、図版CとGおよび巻末の解説を参照されたい）。

滑空部隊は、標準タイプの九九式短小銃を使用した。さらに挺進兵は種々の爆薬を利用することもあった。工兵隊には百式ならびに三式火炎放射器が支給された。

車両
Vehicles

挺進諸部隊には、九五式小型自動貨車が少数ながら配備された。偵察車として扱われることもある車両だ。ジープと同様の四輪駆動車で、日本内燃機が開発し、1935年（昭和10年）に制式化された乗用車"くろがね四起"の貨物自動車ヴァージョンである。実際に導入されたのは1937年のことで、車重1トン、積載量1/2トン、定員は運転兵を含めて2名、路上最高速

度は45マイル（約72km）毎時。ク-八型滑空機に搭載可能であり、歩兵部隊に若干の機動力を提供した。その他、補給品の輸送や小型砲の牽引にも利用されるなど、偵察にも利用できる便利な多用途車両だった。

第一挺進戦車隊は、1944年の創設時、二式軽戦車"ケ-ト"14両を装備した。本車両は九八式の改良型として1941年（昭和16年）に開発されたが、生産台数はわずか29両にとどまった。九八式との違いは、砲塔が円筒形に改められて、内部のスペースに余裕ができたこと、高初速の37mm一式戦車砲と、7.7mm九七式同軸機銃を搭載したことだ。携行弾数は戦車砲弾93発、機銃弾3,160発だった。車重8トン足らずの軽量で、路上最高速度は30マイル（約48km）毎時、乗員3名、装甲厚は10〜16mmとなっている。

口径47mmの一式速射砲4門ならびに砲弾運搬用の九四式3/4トン被牽引車（トレーラー）を装備する第一挺進戦車隊の速射砲中隊（対戦車中隊）には、これらを牽引するための九四式軽装甲車12両が配備された。車重は2.65トン、戦闘車両としては役に立たなかったものの、口径7.7mmの九七式機銃を搭載し、乗員2名、装甲厚は4〜12mm、最高速度は26マイル（約42km）毎時だった。

落下傘
Parachutes

落下傘部隊が実験段階にあった当時、彼らは航空機搭乗員の緊急時用落下傘で訓練を開始した。まず最初に試されたのは1932年（昭和7年）開発の、九二式と称する背負い型の落下傘である。自動索による開傘方式ではなく、降下者が手動で曳索（開傘索）を引く必要があったので、ときには不開傘からの死亡事故に帰結する例が出た。胸部には予備傘を装着することになっていたが、その他の装備品を携行するためのアタッチメントがなかった。また、1937年（昭和12年）開発の九七式と呼ばれる座褥型の落下傘も試用された。両者いずれも傘体の直径は24フィート（約7.3m）で、武装した兵が安全に降下するには小さすぎた。

そこで、落下傘部隊専用として、1941年（昭和16年）に一式落下傘が開発され、陸軍と海軍の双方で──仕様にわずかな違いはあったが──使われるようになった。これは自動索による開傘方式を採った背負い型の落下傘で、瞬時に離脱可能な、いわゆるクイック・リリース式の金具を用いて、装具／縛帯を構成する4本のストラップを胸部で締結するというイギリス軍のX型パラシュートを参考にしたものだ。ストラップをはずすときは、胸の締結金具（離脱器）の円盤部分を1/4回転させて叩く。これだけの動作で、4本のうち3本のストラップがはずれ、瞬時に縛帯を脱ぎ捨てることができた。また、この一式落下傘は二点吊りだった。つまり、落下傘の吊索と縛帯を結ぶ連接帯が、縛帯の両肩（肩帯）に2本ずつ付属する形式である。

一方、海軍は一式落下傘特型という後発モデルを用意したが、結局これが作戦降下に使用されることはなかった。これはドイツ式の一点吊りを採用したもので、吊索は縛帯の背中──両肩のあいだ──にあるV字環に、ひとまとめに結びつけられている。一式落下傘と、その後の陸軍の四式落下傘は自動索の長さ5.2mだが、一式特型の自動索は26mと欧米各国の軍

空挺部隊使用の分隊支援火器

旅団 本部

歩兵の分隊支援火器は、もともと分解して「駄載」つまり馬に載せて搬送できる構造になっていた。したがって、分解梱包して落下傘投下し、その後の作戦に携行するにも都合が良かった。たとえば70mm九二式歩兵砲は6個の梱包に分けられる。一般に日本軍の歩兵部隊は連合軍の同等部隊より分隊支援火器の装備に乏しかったが、それが落下傘部隊になるとさらに顕著になった。運用の場面が違うということのほかに、空中展開を可能とするために、重装備を制限する必要があったのが理由だ。

九二式重機関銃
口径 7.7mm；重量 55.4kg；給弾方式 30発入り保弾板；発射速度 400〜500発/分

八九式重擲弾筒
口径 50mm；重量 4.7kg；最大射程 650m（迫撃弾）／190m（九一式榴弾）；弾薬種別 榴弾／黄燐弾／信号弾

九七式自動砲
口径 20mm；重量 54.5kg；最大射程 1,820m；弾種 曳光徹甲弾／曳光榴弾

九八式機関砲
口径 20mm；重量 379.5kg；最大射程 4,970m；弾種 曳光徹甲弾／曳光榴弾

九四式速射砲
口径 37mm；重量 324kg；最大射程 4,560m；弾種 徹甲弾／榴弾

一式速射砲
口径 47mm；重量 726.4kg；最大射程 2,730m；弾種 徹甲弾／榴弾

十一年式平射歩兵砲
口径 37mm；重量 93kg；最大射程 2,390m；弾種 徹甲弾／榴弾

九二式歩兵砲
口径 70mm；重量 210kg；最大射程 2,800m；弾種 徹甲弾／榴弾／黄燐弾

九四式山砲
口径 75mm；重量 544.8kg；最大射程 7,970m；弾種 徹甲弾／榴弾／榴散弾／照明弾

九七式曲射歩兵砲
口径 80mm；重量 65.8kg；最大射程 2,830m；弾種 榴弾

上：画質は不鮮明ながら、二式「ケ-ト」戦車の希少な写真である。昭和19年に第一挺進戦車隊が編成された際に14両が配備された。車体には三色迷彩が施されているように見える。総生産数はわずか29両にとどまった。

下：一式落下傘での着地。これは二点吊り方式を採用した落下傘で、縛帯の両肩に連接帯が二重に付属する。この陸軍落下傘兵は、ゴム製降下帽と襟章付きの降下作業衣を着用しているが、足もとは海軍風の深い降下靴である。このように、陸軍と海軍はそれぞれ別個に落下傘部隊を発展させてきたのだが、残された写真を見る限りでは、いくつかの装備は共通に使用されたようだ。たとえば、P.5で紹介した写真では、海軍落下傘訓練生が陸軍の降下外被を着用している。（中田忠夫氏所蔵）

訳注6：傘体が自動索あるいは補助傘に引っ張られて最初に飛び出し、続いて吊索が引き出される従来の傘体優先式では、補助傘が降下者の足に絡みついたり、傘体が体に引っかかるなどの事故がつきものだった。ちなみに文中の四式傘のように吊索が先に引き出される開傘方式を吊索優先式とも言う。

用パラシュートと比べても格段に長い。なお、作戦降下に際して胸部には火器その他装備の梱包が装着されたので、予備傘が使われることは滅多になかった。

　陸軍が四式落下傘──文献によっては三式と記されている場合もある──の開発に乗り出したのは1943年（昭和18年）のことだ。これは基本的には一式特型と同じ一点吊りの背負い型だったが、落下傘を内袋に包む、いわゆる内嚢式を採ったのが新機軸だった。降下者が空中に跳び出すと、自動索によって背中から内袋が引き離され、続いて内袋から吊索と傘体の順に引き出されて開傘する。このような、傘体が最後に出る方式は──当時のイギリス軍のパラシュートも同方式だったが──開傘衝撃が比較的小さくて済む。そのうえ、傘体や吊索が降下者の身体に絡みついて重大事故につながるのを防ぐことができる [訳注6]。さらに、火器その他装備を携行して降下できるよう、縛帯に数カ所、D字環が取り付けられた。

　一式傘と四式傘ともに主傘の傘体直径は8.5m、胸掛け型の予備傘の傘体直径は7.3mである。主傘はパネル布24枚／吊索24本、予備傘は20枚／20本で構成された。四式の傘体周縁には、振動を軽減するための布片（キャンバー・パネル）が縫いつけられていた。

左は陸軍一式予備落下傘、開傘索は赤で、先端にボール状の取っ手がついている。中奥は明るいタン革色の落下傘携行袋。その手前、写真中央は布カバーをかけた降下兵鉄帽。右は一式主落下傘（ただし縛帯の配置は正確ではない）。主傘と予備傘ともに収納袋はオレンジ色、縛帯と縁取り紐はダーク・グリーンである（図版Eを参照）。日本軍の空挺部隊の装備、火器、衣料品や部隊章などはほとんど現存せず、きわめてまれに博物館か個人コレクションに残されているに過ぎない。たとえば、海軍落下傘部隊の鉄帽の現物は知られている限り5個しか残っていない。そのため、レプリカも製作されていて、1970年代後半には陸軍の降下帽の精巧なグラスファイバー製コピーが出回ったこともある。部隊章などはレプリカが真正品として売りに出されている例も多いのでコレクターは注意が必要だろう。（横浜旧軍無線通信資料館所蔵）

物料箱
Cargo containers

　陸軍が落下傘を用いた物料投下を始めたのは、1935年（昭和10年）のことだ。物料傘の規格は30kg用、50kg用、100kg用の3種類で、傘体は人体傘が絹製だったのに対し、物料傘の場合は安価な木綿製だった。さらに、荷物の内容を識別するために落下傘の色分けが必要とされ、傘体を染めた例もあったが、実際には白の落下傘のみ使用されることが多かった。投下物資を詰める物料箱(カーゴ・コンテナ)は、アルミと木と帆布(キャンバス)で作られており、上端には落下傘嚢が、底部にはキャンヴァスに覆われたクッションが取り付けられた。これら物料箱は、爆撃機の爆弾懸吊架に吊られて、投下地点まで運ばれた。

　1942年に最初の実戦に臨んだ時点で、陸海の落下傘部隊は双方ともに、個人携行火器から分隊支援火器、その弾薬、軽装備品、糧食や衛生材料に至るまで物料箱に梱包して落下傘投下している。彼らが基本火器を携行して降下できるようになったのは、1943年になってからのことだった。

個人装備と衣服
Individual equipment and uniforms

　陸軍落下傘兵すなわち挺進兵は、標準支給品であるオリーブ・ドラブの、コットンまたはウール素材の野戦服と、短靴──通常の行軍用よりも若干長め──に巻脚絆すなわちゲートル(パティ)が基本のスタイルだった。頭にはタン・ブラウンまたはオリーブ・グリーンの布カバーをかけたゴム製降下帽をかぶったが、これは訓練時のことで、実戦では降下用鉄帽に代えた。帽垂れは顎紐と一体化したデザインで、両耳の横に小さい孔が空けられている。地上勤務には略帽をかぶった。また、部隊創期の訓練時には、標準的なカバーオール式の──すなわち上衣とズボンがひと続きになった──降下作業衣と呼ばれる、タン革色の"つなぎ"を着用した。のちには、個人装備品を身につけた上からカーキの降下外被(ジャンプ・スモック)を着用するようになるが、これは、吊索が装備品に絡まるのを防ぐとともに、樹上降下の際に身体を保護する効果があった。袖は長袖、着丈は膝まで、前開きで、裾は脚に沿ってスナップ留めできるようになっており、手早く脱ぎ着できた。

　腰にはやはり標準支給品の牛革の兵用帯革(ベルト)を装着する。これには、実包30発入りの革製弾薬盒が前（腹側）に1～2個、予備の60発入りが後ろ（背側）に1個付属する［監修註3］。前者を前盒、後者を後盒と称する。さらに、

監修註3：これは一般歩兵であり降下兵用は布製弾帯を使用する。

標準支給品の7.7mm九九式軽機関銃を操作する挺進兵。接ぎ合わせの布カバーと幅広い額革のついた訓練用のゴム製降下帽を被り、草で編んだ偽装用のケープを降下外被に重ねている。

脚注1：これについてはオスプレイ"ウォーリアー"シリーズ 第95巻『Japanese Infantryman 1937-45』に詳しい。挺進兵、航空兵、戦車兵には手軽な行動食として、熱量食というものが支給された。これは小麦と砂糖、茶、ミルク、卵、バターを原材料とする栄養価の高い固形食品で、バー状に固められた1本が約40g、紙に包まれて支給された。さらに、茶色の厚い縮緬紙に包んで支給される圧搾口糧があり、約10cm×9cm×4cm・255gのひと包みが糧食1日分に相当する。そのなかには、大麦あるいは小麦を押し固めた長方形の塊が6個、角砂糖6個、干し魚の塊3個、乾燥梅干しの塊1～2個が詰められていた。これらは、そのままでも食べることができたが、水で戻して加熱し、温かいシリアルとして食べることもあった。

拳銃嚢（ホルスター）が横に、もしくは弾薬盒のいずれか1個に代えて取り付けられる。左横には銃剣を吊り、左後ろには携帯口糧を入れた雑嚢と、それに重ねるように水筒を肩から提げる。そのストラップは腰のベルトの下をくぐらせた。

このほか挺進兵は、部分的に皮革で補強された布製で、小銃弾嚢が7個と手榴弾嚢が2個ついた一式弾帯を胴体下部に締めた。機関短銃を装備する兵は、30発入り弾倉を4本収容可能なキャンバス地の弾倉嚢1～2個を携行した。また、軽機関銃班員は、弾倉嚢と各種の属品嚢を分担して携行した。二人一組で操作する八九式重擲弾器の担当兵は、各々が4発入りの擲弾嚢を2本携行した。

その他の携行品については、個々人により、あるいは戦況の推移に伴って変化するが、非常携帯口糧、救急用品、縄、箸、替えの襦袢（アンダーシャツ）と靴下などが典型的なところだろう。将校は、さらに、双眼鏡（倍率6×または7×）と革製の図嚢（マップケース）、懐中電灯、軍刀を携行した。場合によっては、普通のベルトにキャンバス地の手榴弾嚢と、拳銃嚢・弾倉嚢を差し込んで着用する。

なお、糧食について補足すると、非常携帯口糧のほかに、缶詰その他の加工食品の形で配られる通常の糧食も利用された［脚注1］。また、標準支給品である2.5パイント（約1.2ℓ）の水筒のほかに、丈夫なセロファン様素材の袋に水を入れ、ところどころを結んでおき、水が必要になれば順に噛み破って飲む"水のソーセージ"にしたものが携行されることもあった。

海軍落下傘兵の降下服は、降下衣と降下袴の上下セパレート式で、色はオリーブ・グリーン、材質は綿50％・絹50％だった。腰丈の降下衣には2種類あり、ポケットの配置が違う。降下袴には、蛇腹状の襠（まち）を入れた、フラップつきの大型パッチ・ポケットが前にも後ろにも配されている。ポケットが複数個並んでいる型違いもある。帽子は軽量で、標準支給品の略帽に似るが、布製の帽垂れは顎紐と一体化したデザイン。これをかぶった上に、オリーブ・ドラブの降下兵鉄帽を重ねる。鉄帽にも顎紐がついている。茶色の皮革製の降下用編上靴、裏地なしの茶色の革手袋も支給された。

また、メナド降下作戦（後述）の際の海軍落下傘兵は、以下の装備を携行した。九四式拳銃、銃剣、鉄帽、手榴弾、水筒、携帯口糧を入れた雑嚢、三八式騎兵銃の布製弾帯（小嚢が17個連なったものを2本、交差するように肩から掛ける）、手旗信号用の旗、小円匙（シャベル）、対空識別用の日章旗、防蚊覆面と同手袋、二式救急用具。これらに加えて、将校は軍刀（降下時は短いコードで吊り下げられるよう、専用の離脱式ストラップがついていた）、双眼鏡、懐中電灯、図嚢を携行した。

第3章　1942年の空挺作戦
AIRBORNE OPERATION, 1942

　大戦中、日本軍が完遂した落下傘降下強襲は4回に過ぎない。その幕開けとなったのは1942年（昭和17年）1月、オランダ領東インド諸島（蘭印；現在のインドネシアに相当）セレベス島メナドに対して、続いて翌月にオランダ領チモール（西チモール）のクーパンに対して、海軍落下傘部隊が展開した攻略作戦である。同じ2月、陸軍落下傘部隊も蘭印スマトラ島パレンバン挺進作戦を敢行している。陸軍最後の落下傘作戦は1944年12月、レイテ島を舞台に展開された。その後は1945年4月に、やはり陸軍落下傘部隊が沖縄に降下上陸を強行したのが、事実上最後の作戦行動となった。

横須賀第一特別陸戦隊によるメナド降下作戦　1942年1月
THE YOKOSUKA 1st SNLF AT MANADO, JANUARY 1942

　横須賀第一および第三特別陸戦隊（以下略称；横一特・横三特）は、ひととおりの訓練を終了した後、台湾の嘉義で最終訓練に臨んだ。その後、横一特は1941年12月末、確保されて間もないフィリピン諸島ミンダナオ島ダバオに移動した。このとき、ホロ島の飛行場整備が間に合わなかったため、オランダ領ボルネオ島東岸に浮かぶタラカン島の油田攻略に代えて、メナドが海軍落下傘部隊の初の作戦目標に選ばれたのだった。

空挺部隊使用の航空機
型式と連合軍コード名、収容人数（乗員／輸送人員）

陸軍輸送機：
中島キ-34　九七式輸送機"ソーラ"　3／8
川崎キ-56　一式貨物輸送機"サライア"　4／14
三菱キ-57　百式輸送機"トプシー"　4／15
中島DC-2（ライセンス生産）昭和飛行機DC-3　3／21

陸軍爆撃機：
三菱キ-21　九七式重爆撃機"サリー"　5／12
中島キ-49　百式重爆撃機"ヘレン"　5／＊

陸軍滑空機：
国際ク-八Ⅱ型"ガンダー"　2／24
国際ク-七（試作型）　2／40

海軍輸送機：
三菱G3M　九六式輸送機"ティナ"　3／12
三菱G6M1-L2　一式輸送機　5／20（本機はG4Mの輸送機型である）

海軍爆撃機
三菱G4M　一式陸上攻撃機"ベティ"　5／＊

　空挺作戦の大半は使用される機体の行動半径内で実施され、途中で再給油に降りる必要はないものとされた。したがって、目標までの距離は430kmから700kmの範囲。

鉄帽と、上着とズボンに分かれた濃いオリーブ・グリーンの降下衣を着用した海軍落下傘兵。ただし足もとは短靴にゲートルの陸軍式。ダーク・ブルー地に赤の、兵曹の職種別等級章が右上腕に確認できる。手にしているのは6.6mm三八式騎兵銃——全長870mm、重量3.3kg——、長い三十年式銃剣が装着されている。肩からその布製弾帯が2本、胸で交差するようにかけられている。胸もとに見える小さな白い包みは、戦友の遺灰を納めたもの。（中田忠夫氏所蔵）

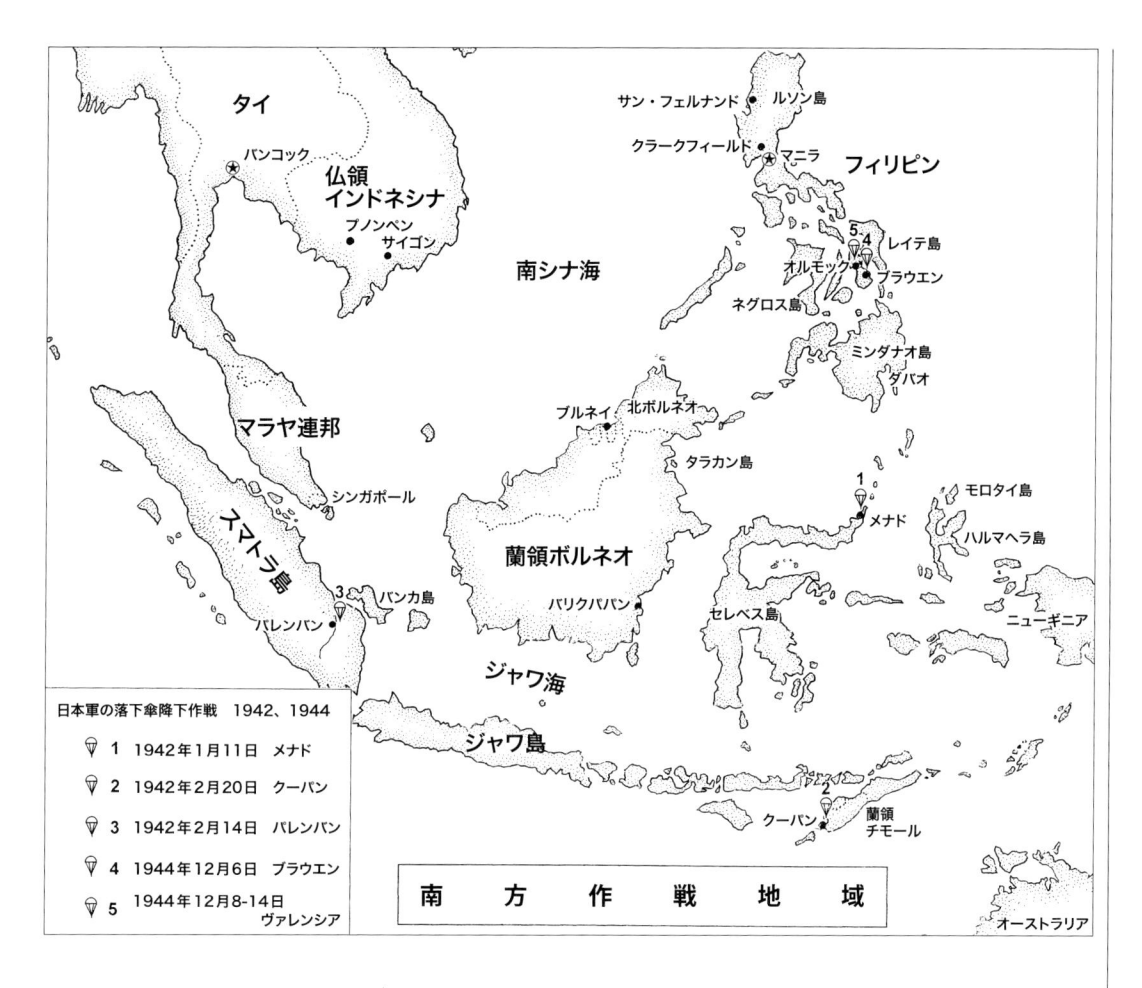

日本軍の落下傘降下作戦　1942、1944

- 1　1942年1月11日　メナド
- 2　1942年2月20日　クーパン
- 3　1942年2月14日　パレンバン
- 4　1944年12月6日　ブラウエン
- 5　1944年12月8-14日　ヴァレンシア

南方作戦地域

　メナドは、セレベス島北部ミーナハーサ半島のほぼ先端に位置する。1942年1月11日、佐世保鎮守府第一特別陸戦隊（以下略称；佐一特）が半島の海岸沿いにメナドを南北から挟むように上陸、同地を占領し、翌日にはカカスに進撃する予定だった。また、佐世保鎮守府第二特別陸戦隊（以下略称；佐二特）は、半島南東岸のケマ正面に上陸後、カカスおよびトンダーノ湖に進出することとされた。半島を横断する道路がケマとメナドを結んでおり、九五式軽戦車装備の1個中隊が上陸部隊に随伴する。この佐世保鎮守府連合特別陸戦隊（略称；佐連特）は、森國造大佐を指揮官とする兵力2,500名の部隊で、メナド郊外ランゴアン飛行場（メナドⅡ）に降下する横一特に呼応して、メナド攻略を実施する。

　同地には、B.F.A・スヒルメラー少佐率いるメナド司令部守備隊が防衛態勢を敷いていた。大半は予備役あるいは地方義勇兵、原住民の民兵から成るその兵力10個中隊1,500名である。日本軍落下傘部隊の降下時、これに対処したのは装甲車3台を擁する45名規模の機動縦隊だった。なお、この装甲車の種類は不明だが、当時よく使用されていた仮装装甲車──装甲を施した貨物自動車（トラック）に機銃を搭載して急造の装甲戦闘車両としたタイプ──という説が有力だ。

　横一特は、ダバオを離陸後380マイル（約612km）南方に進航し、1月11日0930時（午前9時30分；以下、時刻の表記はこの方式による）をもって

上：セレベス島メナドのランゴアン飛行場上空で、横一特の落下傘兵を降ろす九六式輸送機編隊。1942年（昭和17年）1月。これが日本軍による初の空挺強襲作戦だった。ここに写っているのは第三中隊による1月12日の第二次降下部隊だろう。編隊は典型的なV字編隊だ。

下：1942年1月11日もしくは12日のランゴアン飛行場。周囲の草丈が短かったので降下後の物料箱回収に困難をきたすようなことはなかった。反面、遮蔽物がないため、降下早々に死傷者を出す結果にもなった。

ランゴアン飛行場に降下し、在地の連合軍機を破壊するとともに同飛行場を占領確保すべしとされた。このうち第一中隊はランゴアン攻略を担当し、第二中隊がカカスの水上基地を確保する。彼ら第一次降下部隊334名の内訳は以下のとおり。
特別陸戦隊本部（44名──堀内中佐）
通信隊（14名）
第一中隊（139名──牟田口中尉）
第二中隊（137名──斉藤中尉）

　園部中尉率いる第三中隊74名による第二次降下部隊は、翌1月12日に、増強戦力としてランゴアンに降下予定だった。このほか、速射砲隊（37㍉速射砲×1、兵員10名）と医務隊（11名）他から成るトンダーノ湖降下部隊22名が、四発の川西H6K5（九七式飛行艇）／連合軍コード名"メイヴィス"2機に分乗して、1月11日にダバオを発ち、湖面に着水することになっていた。
　第一次降下部隊を運ぶ九六式輸送機隊は、中隊の間隔を1,500mに取り

ランゴアン飛行場。画面からそれほどの緊迫感は伝わってこないことから、これも第二陣だった第三中隊の降下後に撮影されたのだろう。分隊単位で集合した兵の背景に、放置された傘体や物料箱が見える。前景右に待機する兵が所持しているのは三八式騎兵銃。その弾帯2本が胸もとで交差しているのも判別できる。

訳注7：この一件は山辺雅男著『海軍落下傘部隊』に詳しい。同著によれば、この同士討ちの結果、当該機は「我、自爆す」の無電を残して海面に向かって突入、爆発したとのこと。

ながら飛行、その数28機（第1・第2中隊10機、第3は8機編成）とする。各機とも降下員12名を収容、それに加えて機体下面に兵器糧食等を梱包した物料箱5個を懸吊するほか、機内にも2個を搭載する。降下は高度500フィート（約150m）から、機速100ノットで実施と定められた。

こうした計画のもとに、海からの上陸部隊がダバオを発したのは1月9日のことだ。そのうち佐二特は1月11日0300時ケマに、佐一特は同0400時メナドに上陸した。一方、同0630時には、横一特の第一次降下員を乗せた28機の輸送機がダバオの飛行場を離陸した。うち1機は、編隊がセレベス島に進入したとき、友軍の水上偵察機から誤認射撃を受けて墜落、乗員降下員ともども失われている [訳注7]。

0952時、輸送機編隊は降下地点の飛行場上空に到達、1020時には降下を完了した。すでに地上ではJ.G・ヴィーリンガ中尉指揮下のオランダ軍守備隊が射撃を開始しており、降下員から早くも死傷者が続出した。また、何名かは敵トーチカの近くに着地したが、ほどなくこれを攻撃、破壊している。これによって、降下したままその場に釘付けとなっていた者も行動可能となり、抵抗を続ける敵陣地の奪取を経て、彼らは形勢逆転に成功した。そのうちに、カカス方面から装甲車1台が飛行場に侵入してくるなり銃撃を始めたが、彼らはこれを捕獲した。彼らはさらに2台の装甲車に襲撃されたが、1台を撃破し、残る1台も撃退した。

こうして、1125時、日本軍落下傘兵部隊は飛行場を制圧し、カカスに向かって前進する。同地で彼らは、装甲車および対戦車砲各1を装備する敵部隊150名を打破し、1450時に基地を占領した。1457時には、トンダーノ湖に飛行艇2機が着水、横一特の速射砲隊と医務隊が、本隊と連絡を果たした。

翌12日0630時、輸送機18機に分乗した第二次降下部隊が、ランゴアン飛行場に降下した。彼らの到着により増強された横一特落下傘部隊は、ランゴアン市街の掃討に取りかかったが、すでにオランダ軍は退却していた。

その後まもなく落下傘部隊は、海からの上陸部隊との連絡に成功する。
　この両日の戦闘による横一特の損耗人員は、戦死20名（そのほかに輸送機の墜落による死者12名）と戦傷32名だった。それに対し、敵に与えた損害は、戦死140名前後・捕虜48名と記録されている。

横須賀第三特別陸戦隊によるクーパン降下作戦　1942年2月
THE YOKOSUKA 3rd SNLF AT KOEPANG, FEBRUARY 1942

　1942年初頭、横三特は台湾からタラカン島に移動した。当初彼らは、精油所のあるボルネオ島東岸バリクパパンの攻略作戦に投入される予定だったのだが、飛行場整備の遅延などにより、その目論見は潰えた。そこで、彼らは改めてクーパン攻略に備えることになり、1月末、セレベス島南東端のケンダリーに進出した。
　当時、オランダ領チモールの首都として機能していたクーパンは、地理的には島の南西端に位置する。横三特の攻略目標は、同市街から7マイル（約11km）南東、オーストラリアがジャワ防衛に派遣する航空機部隊の重要な中継基地ペンフィ飛行場だった。ただし、先にメナド攻略の折、目標の飛行場に直接降下した横一特落下傘部隊が多くの死傷者を出したのを戦訓として、今回は飛行場から10.5マイル（約17km）北東のババウ付近の野

横一特司令の堀内豊秋海軍中佐。ネクタイを締めた襟元、袖の階級章（ライトブラウン地にゴールド）が目を惹く。メナド降下作戦時はまだ40歳の若さだったが、すでに帝国海軍の訓練課程にデンマーク式海軍体操を導入したことでその名を知られるスポーツマンだった。戦後、メナドにおける部下の残虐行為の責任を問われ、1948年9月に戦犯として処刑される。（中田忠夫氏所蔵）

原が降下地点に選ばれた。

　同地域にはオーストラリア軍のW.C.D・ヴィール准将率いる豪蘭の連合守備隊が展開し、その司令部はやはりペンフィ飛行場に所在した。同飛行場およびクーパン北東の海岸線では、オーストラリア第2/40歩兵大隊1,000名が防備を固め、特に飛行場には同C中隊と40㎜対空砲部隊が配されていた。また、600名のオランダ軍チモール守備大隊が、クーパン西の海岸沿いの警戒に当たっていた。第2/40歩兵大隊の控置部隊D中隊はクーパンにあり、大隊支援梯隊は日本軍の降下地帯に近いババウに待機中だった。だが、オーストラリア空軍のペンフィ駐屯飛行隊は、すでに撤退済みだった。

　2月20日早朝のケンダリー飛行場で、横三特の降下部隊は"ティナ"こと九六式輸送機、一式大型陸上輸送機あわせて28機に乗り込んだ。0600時、一式陸上攻撃機／連合軍コード名"ベティ"17機をともなって、全機離陸する。降下地点まで420マイル（676㎞）──と言えば、日本軍が実施した落下傘作戦のなかでも最長距離を飛んだ例になる。第一次降下部隊308名の内訳は以下のとおり。

特別陸戦隊本部（福見少佐）
第一中隊（山辺中尉）
第三中隊（宮本少尉）

　なお、桜田中尉率いる第二中隊と支援隊の計323名から成る第二次降下部隊は、翌21日に降下して戦線参入することになっていた。

作戦の経過
The operation

　2月20日未明、第三十八師団から派遣の歩兵第二百二十八連隊と陸戦隊（佐世保連合特別陸戦隊の2個小隊と横三特のうち降下に参加しなかった残員）からなる4,600名が、チモール島南端に近いマリ岬付近から、何ら抵抗を受けることもなく敵の背後に上陸を果たした。そこから同隊の左および中央攻撃隊はクーパン目指して北上を開始、一方で陸戦隊は中央攻撃隊と分かれて、飛行場を確保した落下傘部隊の救援に向かう予定だった。その間、右攻撃隊はババウから東へ数キロのウスアを目指して、北東に移動することになっていた。ところが、案に相違して、豪蘭連合の海岸守備隊は、東へ撤退しはじめた。

　降下地帯に対しては、1000時の落下傘部隊の降下に先駆けて、一式陸攻編隊による爆撃が実施済みだった。いっさいの妨害を受けることなく降下した部隊は、1045時に集結完了し、1130時にはババウに向かって南下、クーパンへの街道に出た。そして、応急的に防御部隊を形成した豪第2/40歩兵大隊の後方梯隊に遭遇する形となったのだった。1300時、落下傘部隊第一中隊は、これと激しい戦闘に突入した。

　このとき獲得した捕虜の供述、ならびにクーパン方面上空に巻き上がった砂埃などから、さらに大規模な部隊が接近しつつあることは明らかだった。これはオランダ軍の軽戦車および装甲車複数台に随伴された第2/40歩兵大隊D中隊であり、日本軍落下傘部隊降下の一報を受けて、ババウへ向かうよう命じられたのだった。1430時、彼らは反撃に出た。落下傘部隊

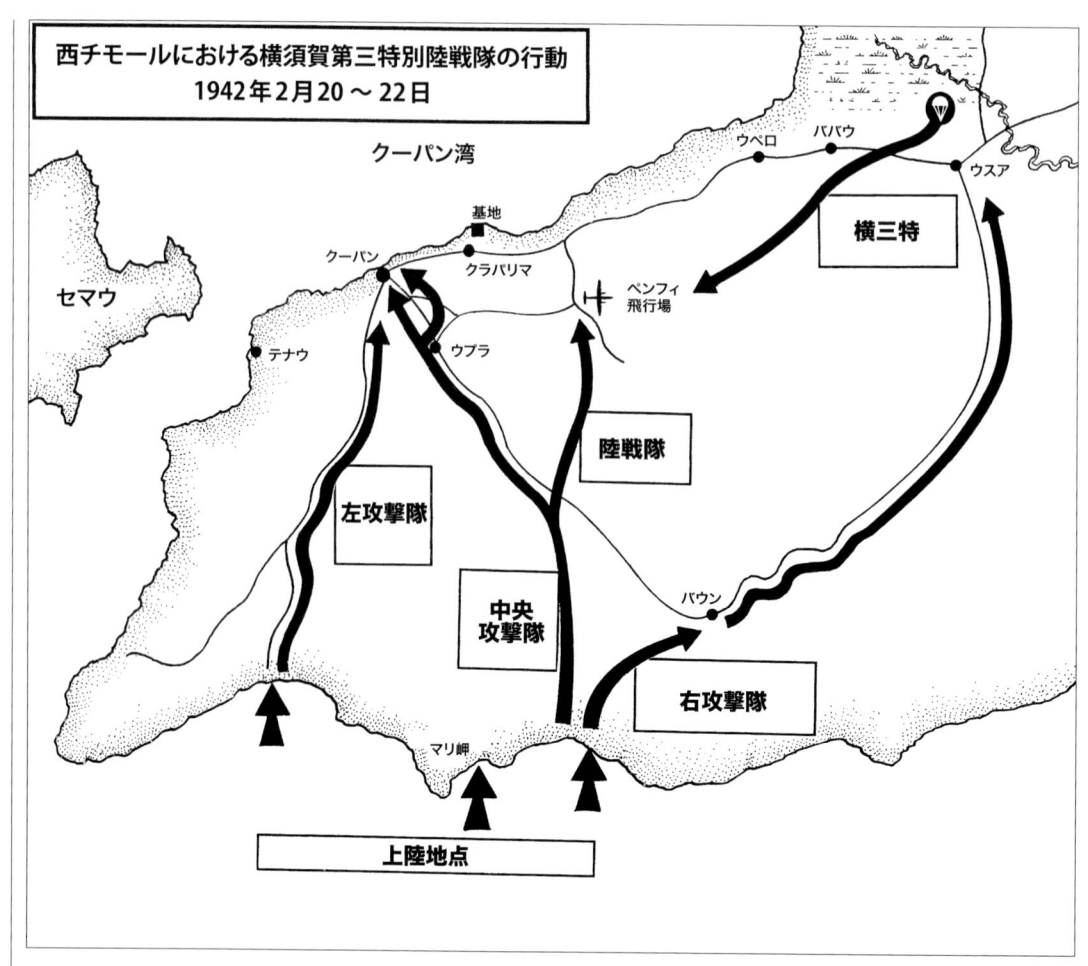

西チモールにおける横須賀第三特別陸戦隊の行動　1942年2月20〜22日

はこれと熾烈な白兵戦を演じ、D中隊を西のウベロに、ババウ部隊を東のウスアに撃退したときは日没を迎えていた。この戦闘による日本側の損耗数は死者22名・負傷者30名にのぼった。

　豪蘭連合部隊を迂回すべく、福見司令の判断で部隊は2200時に街道を離れ、ジャングルに分け入って南西に行軍し、ペンフィ飛行場を目指すことになった。飛行場の奪取確保が部隊の作戦目標であり、遅延は許されなかった。だからこそ福見は、目標に到達する途中での要らざる戦闘を避けようと務めたのだ。

　だが、ジャングルはことのほか深く、負傷者を連れての夜間行軍は困難をきわめた。夜を徹して歩き続け、ようやく明け方になって、彼らは付近を瞰制する丘に出た。その一方で、0600時、第二次降下部隊が輸送機26機に分乗してケンダリー飛行場を離陸し、1000時には第一陣と同じ地点に降下した。福見らはその光景を、この丘から望見した。そして、降下第二陣─第二中隊─が自分たちと同じように街道を辿って遭遇戦に至ることを懸念し、密林内を進むように伝えるべく、伝令を走らせた。ところが、この第二次降下部隊もまたババウに向かって進撃途上、豪第2/40大隊D中隊との遭遇戦に突入し、戦死14名・戦傷4名を出してしまった。彼らは相手を何とか撃退してから、福見が急派した伝令の先導で、以降はジャング

日本側の作戦計画立案者は、日本兵に期待されるように、連合軍もまた彼らの配置──海岸地帯の防御陣地あるいはクーパン周辺と飛行場──に踏みとどまって応戦するものと予想した。上陸部隊がわざわざ迂回路を選択したにもかかわらず、豪蘭守備隊が撤退行動に移って、進撃する落下傘部隊と機動戦を繰り広げることは想定外だった。メナドでは飛行場に直接降下した落下傘部隊が多数の死傷者を出した。その轍を踏むまいとして、クーパンでは飛行場から遠く離れた地域に降下したが、それが裏目に出ることになった。遠すぎたうえに、連合軍の予想外の動きと密林に阻まれ、彼らは任務を果たすことができなかった。

これは海軍落下傘部隊の演習中に撮影されたものだろう。兵は火器弾薬や属品嚢を身につけた重装備である。そのなかで厚い額革つきの降下帽が目を惹く。海軍の軍艦旗——旭日旗——が集合地点の目印として、また対空識別旗として使われている。

郵便はがき

101-0054

おそれいりますが切手をお貼りください

東京都千代田区神田錦町
1丁目7番地　㈱大日本絵画
読者サービス係 行

アンケートにご協力ください

フリガナ			年齢
お名前			（男・女）

〒
ご住所

TEL　（　　）
FAX　（　　）
e-mailアドレス

ご職業　1 学生　　2 会社員　　3 公務員　　4 自営業
　　　　5 自由業　6 主婦　　　7 無職　　　8 その他

愛読雑誌

このはがきを愛読者名簿に登録された読者様には新刊案内等お役にたつご案内を差し上げることがあります。愛読者名簿に登録してよろしいでしょうか。
　　□はい　　　□いいえ

オスプレイ・ミリタリー・シリーズ
世界の軍装と戦術6
日本軍落下傘部隊

9784499230001

…も密林を苦労して進みながら、22日朝に目…の敵の姿はなく、すでに前日のうちに上陸…とを知らされる結果となった。周辺地域の豪…降した。

…蘭領東インド諸島、ソロモン諸島を掌中にお…なる進攻作戦を企てた。その目標は陸軍のそれ…42年5月にはニューギニア島南岸ポートモレス…ドウェイ島およびアリューシャン列島西部を、…島を、8月にはフィジーとサモアを攻略の予定…にとどまらず、やがてはハワイ、オーストラリ…略の対象とする作戦計画まで立てられていた。…ウェイ海戦に大敗して主力空母4隻を含む多く…滅的打撃を被った結果、そうした日本の勢いに…て、海軍落下傘部隊は解隊・再編の時を迎える。…隊は1942年12月、内地（日本の本土）に帰還し、…戦隊として統合再編された。この時点で、彼らは…、従来どおりの船舶輸送による陸戦部隊の扱い…方で、1943年1月には、第一特別陸戦隊の要員を…第二特別陸戦隊が編成され（もともとの横二特部…戦後に解隊されていた）、ギルバート諸島（現キ…置するナウル島（現ナウル共和国）に派遣されて…そのまま終戦を迎えることになる。

…月、兵力900名の横一特は、サイパン島に配された。…、いったんニューブリテン島ラバウルに進出しな…島に後退し、同島にとどまるうちに日本の無条件…パンに残った横一特の主力は、1944年6月にアメ…、これに抵抗を試み、司令唐島辰男少佐以下「玉砕」つまり全滅したと伝えられている。

挺進第二連隊によるパレンバン降下作戦、1942年2月
THE 2nd RAIDING REGIMENT AT PALEMBANG, FEBRUARY 1942

　まだ陸軍落下傘部隊が誕生する以前の1940年（昭和15年）9月、大本営陸軍部作戦課の研究グループが、パレンバンに対する作戦の可能性について、研究報告をおこなった。パレンバンは、蘭領東インド諸島スマトラ島の北東岸から内陸に50マイルほどに位置する同島中心都市であり、大規模な精油所が並んでいた。それを無傷で確保することこそ、いちばん肝心な点だったのだが、ムシ河をさかのぼる方法論では、オランダ軍に察知されて精油所の各施設をいちはやく破壊されてしまうおそれがあった。

　というわけで1941年8月、南東アジアの制圧を目指した、いわゆる南方作戦計画に、パレンバン奇襲に空挺部隊を使用する案が盛り込まれたのだった。もっとも、作戦発動までに当の空挺部隊の準備が整うか否かというのが、大本営の懸念するところではあった。だが、10月28日、宮崎県高鍋で高級参謀その他関係者多数臨席のもと、陸軍落下傘部隊による初の展示演習が実施され、これが成功したことで、空挺部隊のパレンバン投入も速やかに決定された。

　12月1日、第一挺進団の動員が発令された。ただし防諜上の理由から、その作戦目標と決行日は伏せられたままで、12月7日（日本時間では8日）の太平洋戦争開戦の日を迎えてようやくパレンバン地区の地図や航空写真が挺進団司令部に届いた。そして、彼らは伯爵寺内壽一陸軍大将を総司令官とする南方軍の隷下に入ることになった。

　パレンバン攻略は『L作戦』と称され、今村均中将麾下の第十六軍がこれを担当した。第一挺進団は、挺進第一連隊をもって降下作戦を実施することになり、同連隊は12月19日、輸送船明光丸で日本を発った。ところが、南シナ海を航行中の1月3日、同船は火災を起こし、海南島南方で沈没する（原因は搭載した焼夷弾の自然発火によるものとも、ガソリンへの偶発的な引火だとも言われている）。護衛に就いていた駆逐艦が中心となって兵員の救助にあたり、人的損害は免れたものの、装備器材のすべてを失った部隊の消耗は著しかった。

　こうした事態を受けて、短時日のうちに挺進第二連隊の派遣が決まった。第二連隊は未だ編成作業中だったが、急いでこれを完了して、火器と装備

1942年2月14日、クルアン飛行場にて、出撃準備中の挺進第二連隊員。一式落下傘を装着し、これからパレンバンへ向かう。足もとには落下傘携行袋が置かれている。

を受領した。

　1月15日、挺進第二連隊は門司港を出発し、2月2日にプノンペンに到着する。降下作戦に参加する飛行隊——挺進飛行戦隊、飛行第九十八戦隊、第十二輸送飛行中隊——も揃った。プノンペンで、部隊は落下傘の折りたたみ整備、小銃や機関銃など火器や弾薬その他装備品を投下用の物料箱に梱包するといった作業に明け暮れた。部隊専属の爆撃機は兵員輸送で手一杯で、物資輸送に割くわけにはいかず、そのためにほかの飛行隊の協力を仰がねばならなかった。落下傘兵の降下にあわせ、タイミング良く、着地点を違えずに物料箱を投下できるか否かが死活問題であり、特に兵員輸送と物料輸送をそれぞれ別の部隊に託す場合は、これが重要なポイントになる。物料箱が見当違いの場所に投下されたり、投下が遅れたりすれば、降下した落下傘兵は身につけた拳銃と手榴弾のみで戦わねばならなくなるのだ。

　ともあれ、2月11日、パレンバン挺進部隊はマレー半島スンゲイパタニに集結した。13日には、後続の第二次挺進部隊を同地に残し、第一次挺進部隊がマレー半島南部のクルアンおよびカハンの飛行場に移動する。クルアン飛行場には、挺進団司令部・挺進第二連隊（一部欠）330名・挺進飛行戦隊・第十二輸送飛行中隊および飛行第六十四戦隊が、またカハン飛行場には飛行第九十八・九十・五十九戦隊と、第十五独立飛行隊の偵察部隊、飛行第八十一戦隊が待機した。このとき第一挺進団を指揮下に置いた第三飛行集団長の菅原道大中将は、クルアンに出向いて、出撃前の最後の督励と訓示をおこなった。彼は挺進兵に寿司と酒を振る舞い、このように述べたという。「これが諸君には最後の日本の味になる。心おきなく飲みかつ食べよ。」挺進兵は、互いに酒を酌み交わし、この「最後の晩餐」を楽しんだ。

計画
The plan

　挺進部隊の目標は、市街地より8マイル（約13km）北に位置するパンカランバンタン飛行場（イギリス側の呼称ではP1飛行場）、そして市内を流れるムシ河南岸の精油所2ヶ所だった。軍事的観点に立てば飛行場が主目標となるところだが、そもそも南方作戦の目的が蘭印の石油資源をおさえることにあった以上、経済的観点からもパレンバンの精油所の奪取こそ最重要課題だった。とは言え、挺進部隊が飛行場と精油所を同時に占領できるほどの兵力を保有するに至っていないとの判断から、南方軍は敢えて飛行場を優先目標に指定せざるを得なかった。また、飛行場が確保できれば、それが新たな作戦基地、兵站基地として機能するはずだった。そこから挺進部隊は、数本の橋がかかるムシ河に急行し、双方の——ムシ河支流のコメリン河によって東西に隔てられた——精油所を確保する。東精油所はNKPM；オランダ植民地石油会社によって、また、より大規模な西精油所はBPM；バタビア石油会社によって、それぞれ運営されていた。後者はさらに構内がふたつに区分されていた。

　当該地域の敵情は以下のとおりだった。まず、P1飛行場には連合軍の戦闘機2個中隊が駐屯し、L.N.W・ヴォーヘルサンク中佐指揮下の南スマ

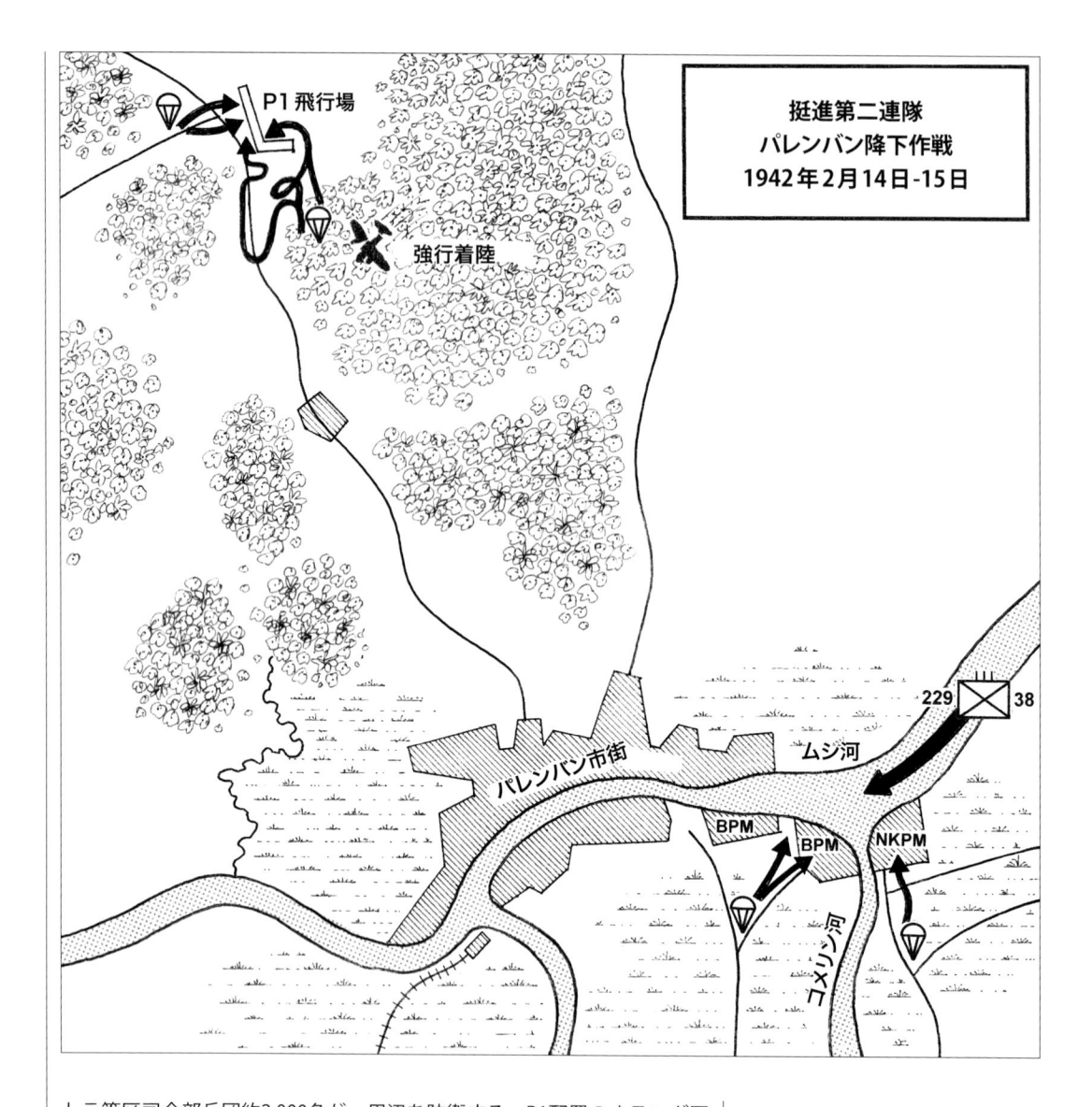

挺進第二連隊
パレンバン降下作戦
1942年2月14日-15日

トラ管区司令部兵団約2,000名が、周辺を防衛する。P1配置のオランダ軍南スマトラ守備大隊1個とパレンバン配置の予備中隊が1個、75mm砲8門がこのなかに含まれる。また、精油所にも分遣隊が配され、少人数ながら、装甲車数台を備えていた。さらに、英国砲兵隊第6重対空砲連隊の一部が、飛行場と精油所に布陣し、前者には3.7インチ砲と40mm砲各6門を、後者には各4門を展開させていた。それに加えて、P1飛行場にはイギリス空軍とオーストラリア空軍の地上員その他関係者260名が常駐する。ただし、彼らは戦闘訓練を受けておらず、歩兵火器も不足していた。

作戦計画では、落下傘兵（挺進兵）の主力は飛行場の南東側および西側に降下するとともに、小規模の急襲隊2個が精油所外縁に降下することになっていた。これに沿って、2月11日、第一挺進団は、L-1日（パレンバン攻略L作戦の前日）とL日（作戦当日）それぞれの詳細な行動計画を隷下部隊に下達した。それによると、L-1日すなわち2月14日、第三十八師団の田中大佐率いる歩兵第二百二十九連隊（増強）の1個大隊が対岸のバンカ島

を確保するとともに、陸軍初の落下傘降下作戦が決行される。続いて、L日当日、歩兵第二百二十九連隊の残余部隊が上陸用舟艇でムシ河をさかのぼり、パレンバンを目指す。彼らのパレンバン到着はＬ＋2日とされ、それまで挺進部隊は独力で所与の目標を死守しなければならない。なお、このときの挺進第二連隊の構成と、降下地点の割り振りは次のとおり。

第一次挺進部隊
飛行場南東1,200m（180名）：
　連隊本部（甲村少佐以下17名）
　通信班（小牧中尉中尉以下30名）
　第四中隊（三谷中尉以下97名）
　第二中隊第三小隊（水野中尉以下36名）
飛行場西200m：
　第二中隊（一部欠）（広瀬中尉以下60名）
精油所西500m：
　第一中隊（一部欠）（中尾中尉以下60名）
精油所南700m：
　第一中隊第三小隊（長谷部少尉以下39名）

　兵員の輸送と随伴護衛は、挺進飛行戦隊と第三飛行集団より派遣の部隊が、これを担当する。
挺進飛行戦隊（新原少佐）：
第一中隊（ロ式輸送機×12機）および第三中隊（百式輸送機×12機）
　──飛行場南東に18機、西に6機
第二中隊（ロ式輸送機×9機）
　──精油所西に6機、南に3機
飛行第九十八戦隊（九七式重爆撃機による物料投下）：
　──飛行場南東に15機、西に3機
　──精油所西に6機、南に3機
飛行第六十四戦隊（飛行場までの随伴護衛）
　──中島キ-43（一式戦闘機）／連合軍コード名"オスカー"3個中隊
飛行第五十九戦隊（精油所までの随伴護衛）
　──中島キ-43（一式戦闘機）2個中隊
飛行第九十戦隊（航空支援）
　──1個中隊、川崎キ-48（九九式双発軽爆撃機）×9機

第二次挺進部隊（飛行場に降下）
挺進第二連隊第三中隊（森沢中尉以下90名）
　第十二輸送飛行中隊（ロ式輸送機）
　飛行第九十八戦隊1個中隊（九七式重爆撃機×9機による物料投下）
　飛行第五十九および第六十四戦隊抽出部隊（一式戦闘機による随伴護衛）

　第一次挺進部隊の降下と並んで、久米挺進団長は何名かの司令部要員とともに輸送機に搭乗し、飛行場とパレンバン市街の中間地点に強行着陸する計画だった。この輸送機には、物料箱に収容できない37㎜速射砲も1門だけ搭載されることになった。

L-1日：飛行場の戦闘
L-1: the airfield

　2月14日0700時、わずか2時間の仮眠をとっただけで、挺進兵は起床の時刻を迎えた。0830時にはクルアンとカハンの両飛行場から全機が離陸し、編隊集合地点シンガポール北西のバトゥ・パート上空を目指した。九九式軽爆撃機9機の支援を受け、一式戦闘機80機に護衛された34機の輸送機と27機の爆撃機は編隊を組み、百式司令部偵察機の先導で、高度を9,850フィート（約3,000m）にとりつつ、350マイル（約560km）南東へ向かう。あわせて150機を超える大編隊とあって、日本軍が実施した空挺作戦としてはこれが最大規模を誇ることになった。

　1120時、彼らはムシ河口上空に到達し──眼下の光景は、陥落直後で依然として炎上中のシンガポールから海峡を渡って流れてくる黒煙に、ところどころ覆われていた──、そこで二手に分かれた。連合軍の対空砲火をついて、しかし、何の損害を出すこともなく、輸送機編隊は低空で降下地帯に進入し、降下員を所定の地点に次々と落としていった。飛行場への降下は1126時、精油所へは、その4分後だった。輸送機に続いては、重爆撃機編隊が物料箱を投下するとともに、地上掃射を実施した。なお、精油所上空で、爆撃機1機が対空砲により撃墜されている。飛行場方面では、飛行第六十四戦隊の戦闘機部隊が、高度2,600フィート（約800m）付近でハリケーン5機と交戦し、うち1機を撃墜した。さらに、6,500フィート（約2,000m）でも同じくハリケーン10機と遭遇、2機を撃墜した。味方には何の損害もなかった。軽爆撃機編隊は、飛行場併設の兵舎と対空砲陣地を叩いた。他方、精油所上空には敵機の姿はなく、飛行第五十九戦隊の一式戦闘機部隊は、付近一帯を掃射して去った。

　飛行場南東に降下予定だった180名は──1機を除いて──そのとおり飛行場の2マイル（約3km強）南東に降りた。ところが、事前に入手されていた航空写真によれば付近は丈の低い藪に覆われているだけのはずだったが、実際は低木の密林が広がっていて、多くの物料箱が、重なる枝に引っかかり、回収は困難をきわめた。しかも、木々に遮られ互いの姿を容易には確認できず、降下後の兵の集結も思うに任せなかった。個々に飛行場に向かって移動するうちには小集団が形成されていったが、火器の回収ができなかったために、拳銃だけが頼りの者も多かった。その間にもイギ

油田地帯を北東方向に俯瞰する。背景にムシ河の大湾曲部、その対岸はパレンバン市街。画面左手前に広がるのはプラドヨ（BPM）精油所。ムシ河支流コメリン河をはさんで画面右奥はスンゲイ・ゲロン（NKPM）精油所。画質は良好とは言い難いが、当初の計画では挺進第二連隊の第一次降下部隊約100名に割り当てられたこの目標地域の広大さが印象づけられる写真である。

A 帝国陸軍挺進部隊
1. 訓練時の挺進兵、1941年
2. 挺進第二連隊員、パレンバン作戦時、1942年2月
3. 作戦中の挺進隊将校、1942年
4&5. 挺進兵徽章

B 挺進第二連隊、スマトラ島パレンバン、1942年2月14日
（詳細は巻末の解説を参照のこと）

C 携行火器
(詳細は巻末の解説を参照のこと)

D 帝国海軍落下傘兵
1. 兵営の海軍落下傘兵、1942年
2 & 3. 作戦中の海軍落下傘兵、1942年
4. 海軍落下傘兵の職種別等級章

E 落下傘と物料箱
（詳細は巻末の解説を参照のこと）

1

2

3

4

5

6

7

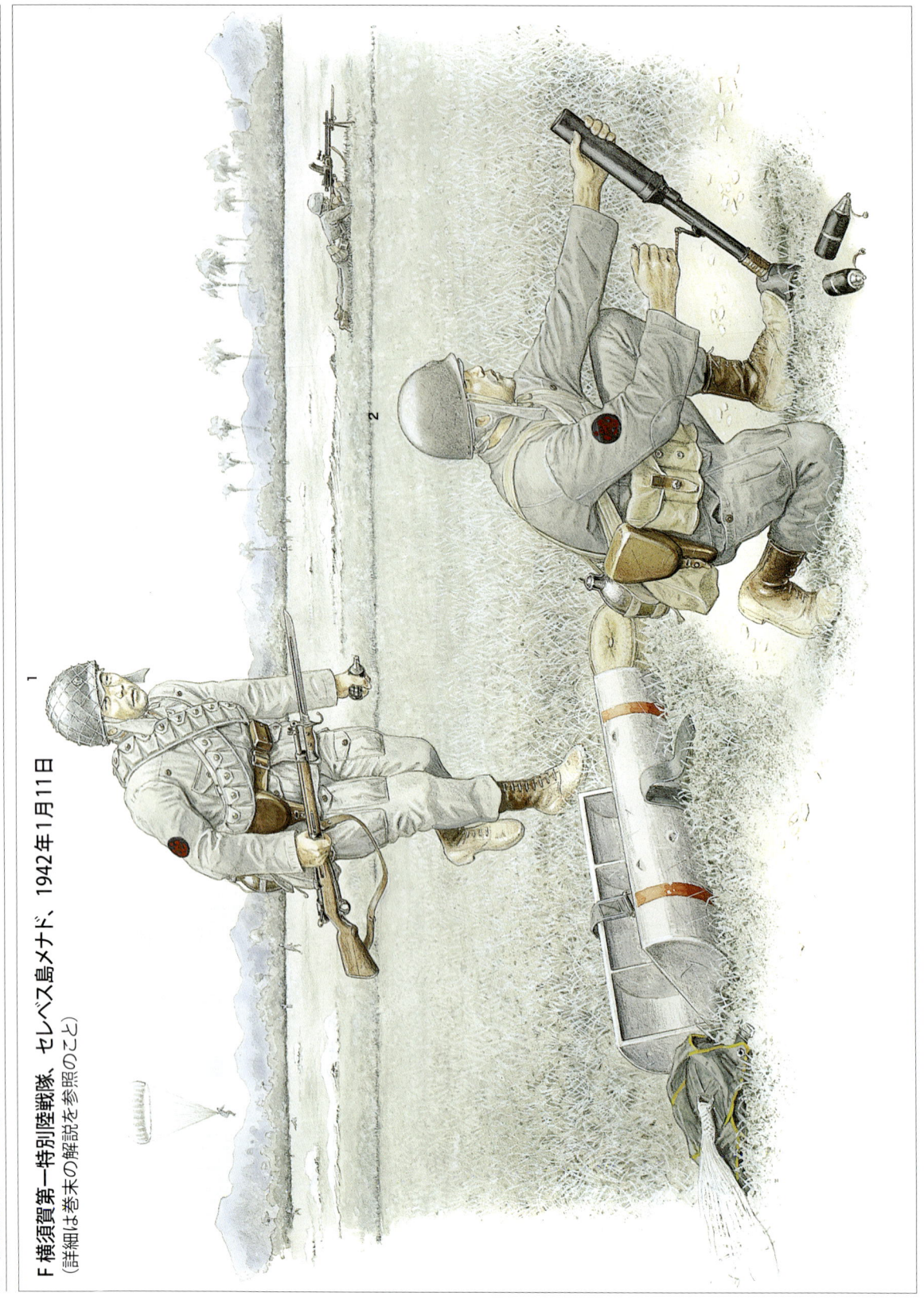

F 横須賀第一特別陸戦隊、セレベス島メナド、1942年1月11日
（詳細は巻末の解説を参照のこと）

G 携行火器
(詳細は巻末の解説を参照のこと)

H 帝国陸軍空挺部隊、1944〜45年

1. 薫空挺隊、レイテ作戦、1944年11月26日
2. 第二挺進団、レイテ作戦、1944年12月6日
3. 義烈空挺隊、沖縄作戦、1945年5月24日
4. 未確認の徽章

リス軍の対空砲が、降下地域に対して盲射同然の水平射撃を繰り広げていたが、これによる死傷者は出ていない。

　第四中隊の奥本中尉に率いられた一団は、このとき、搭乗機の降下扉が故障してなかなか開かず、降下が遅れた。彼らが降りた先はパレンバン市街と飛行場を結ぶ街道付近だったが、そこで奥本と4人の兵は、オランダ兵40名が4台のトラックに分乗して南に撤退してゆくのに遭遇し、拳銃でこれに対処した。おそらく正規兵ではなかったのであろう相手は、ほどなく投降した。続いて1200時前後、今度はパレンバン方面から装甲車2台と兵員輸送トラック4台の縦隊が北上してくるのを見て、すかさず奥本らは拳銃と手榴弾で奇襲をかけた。相手は150名ほどだったが、一挙に戦意を失い、装甲車とトラック各1台を例外として、車両を置き去りにした。この戦闘で奥本は負傷し、挺進兵2名が戦死した。偶然にもせよ、結果として奥本らは、パレンバン市街と飛行場を結ぶ街道を巧みに封鎖したことになる。

　連隊長甲村少佐は10名を率いて、飛行場の南東1マイル（1.6㎞）付近の密林を進んでいたところ、1330時、24名の挺進兵を連れた第四中隊長三谷中尉と連絡を果たした。そこに奥本のグループも、捕獲した装甲車とともに合流した。奥本の報告をもとに甲村連隊長は、パレンバン街道の継続的封鎖を決める一方で、三谷に対し、飛行場へ前進してその建物を奪取するよう命じた。三谷は、大城中尉と兵20名に鹵獲装甲車をつけて送り出した。当然のように彼らは、飛行場方面から街道を南下してきた約300名の敵に遭遇する。激戦の末、大城らは相手を撃退し、さらに飛行場まで押し戻す形で追撃したが、当の飛行場はすでに放棄されているのが判明した。飛行場の管理棟は、1820時に確保された。

　密林に残った甲村連隊長は、撤退途中のオランダ軍との小規模な遭遇戦を指揮しつつ、依然ばらばらに散ったままの部隊の掌握に努めていた。そして、1800時、飛行場東端で通信隊の小牧中尉をつかまえることができたのに続いて、2100時には三谷中尉と飛行場管理棟で再度の合流を果たした。挺進兵は個々に、あるいは少人数のグループで、飛行場に辿り着いた。彼らはそのまま夜を徹して警戒にあたったが、敵の反撃はなかった。

　一方、飛行場西側に降下した第二中隊60名は、そこが草原地帯だと聞かされていたにもかかわらず、実際には草丈2m近い葦の密生地だったことを知る。ここもまた、周囲の見通しが効かず──したがって降下後の兵の集結も困難なら、物料箱の着地点も確認不能だったが、彼らは三々五々東へ移動し、飛行場を目指した。蒲生中尉は自分のもとに16名の兵を集め、進撃を開始した。武装は拳銃と手榴弾のみである。そういう状況で、彼らは対空砲陣地に行き当たった。蒲生は手榴弾を投げ込みながら真っ先に突入し、銃撃を受けて死亡した。残りの者は、飛行場を目指して進み続けた。

　他方、第二中隊長広瀬中尉は、わずか2名の隊員しか掌握できぬまま、それでも1400時に飛行場西側の兵舎に到達した。だが、そこにオランダ兵350名が踏みとどまっているのを認めて、いったん引き返した。後刻さらに1名がこれに加わり、1700時、改めて4名で兵舎に接近を試みたところ、もぬけの殻だった。敵は慌てて兵舎を引き払ったものと見え、調理場の料理用ストーヴには鍋が載せられたままの状態で、最低限の圧搾口糧しか携帯していなかった挺進兵を喜ばせた。

挺進第二連隊と引き継ぎ部隊の歩兵第二百二十九連隊の将校が協議中。挺進第二連隊の将校のひとりは、まだ降下兵鉄帽を被ったまま。背景には炎上しつづけるNKPM精油所。陸軍の発表によれば、彼らは飛行場付近で連合軍に約530名の犠牲を強いるとともに、対空砲13門を鹵獲した（ただし、残留していた機体は全機ともイギリス空軍地上員に破壊されている）。精油所においては同550名・対空砲10門の戦果、さらに装甲車数台と多数のトラックを獲得した。挺進部隊の損害は、戦死29名（うち2名は落下傘の不開傘によるもの）・重傷37名・軽傷11名であり、これは降下人員の約12％に相当する。また重爆1機が撃墜され、輸送機2機が強行着陸している。後者の1機はエンジンの不具合によるものだが、もう1機は挺進団長の搭乗機で、あらかじめ計画された強行着陸だった。

L-1日：精油所の戦闘
L-1: the refineries

　第一中隊60名は、BPM精油所の南および西に降下した。現場は浅い湿地帯だったが、視界を遮るほど草木が繁茂しているわけではなかったことから、物料箱の回収は容易で、降下後の武装も支障なく整った。徳永小隊は、徳永中尉以下7名で精油所南西のトーチカ1基を奪取した。続いて徳永らは、精油所従業員の社宅区域を北に抜けたところで、機関銃装備の敵兵60名と遭遇、これと交戦に至る。ほどなく、小川と吉岡の両中尉がそれぞれの部下を連れて到着し、徳永は自身が敵を引きつけている間に、常圧蒸留設備（トッピング）を確保するよう、両名に指示した。10名余りの挺進兵が施設内に突進し、中央のトッピング塔に日章旗を掲げた。時刻は1310時から1350時のあいだと伝えられている。

　日章旗を確認した徳永と第一中隊長中尾中尉は、トッピング塔に向かいつつ、設備の損傷を避けるためにボイラーのバルブを閉め、精製装置を停止させるなどの措置を講じた。ここに至って敵も決然たる反撃に移り、彼我の距離50mそこそこの接近戦が繰り広げられることになる。飛び交う銃弾がパイプに孔を空け、石油が流出し、そこへ敵の迫撃砲弾によって火が入った。中尾中隊長から徳永小隊に攻撃命令が下り、徳永らは精油所構内を抜けて北に進んだものの、結局、戦闘は夜通し続いた。

このとき、最後尾で降下した鴨志田軍曹は、戦友たちと合流できなかったらしい。彼はただ一人で精油所社宅区域に辿り着く。さらに、拳銃で数名の敵を倒しながら、精油所の事務所棟にまで到達したが、そこで機銃弾を浴びて重傷を負った。結局、最後に残っていた手榴弾を相手に投げつけた直後、彼は拳銃で自決したという。

　他方、長谷部小隊が降下したNKPM精油所の南側は、深い沼地だった。だが、運良く現地人のものらしいボート1艘が見つかったので、これを借用して、物料箱を何とか回収することができたようだ。また、彼らのうち2名は、いきなり敵の防御陣地の前面に降下してしまった。銃撃を受けながらも、彼ら2名は拳銃と手榴弾で応戦し、敵兵8名を倒した。その後、彼らは街道伝いに精油所を目指したが、周囲の建物群からの銃撃により1人が重傷を負ったため、小隊に合流すべく引き返した。

　長谷部小隊が降下した沼地には、これを貫くようにNKPM精油所へ通じる街道が約300mに渡る直線道路になって伸びていた。遮蔽物は皆無。そこに今や敵火が盛大に注がれている。迂回ルートもなく、長谷部には、この道路伝いに進撃する以外の選択肢はなかった。果たして、彼は精油所まであと100m足らずというところまで進みながら戦死し、進撃は中断した。丹羽軍曹が小隊の指揮を代行し、彼の判断で、日没を待って道を開くことになった。彼らは2300時になって精油所に到達するが、敵はすでに夜陰に乗じて撤退したあとだった。そして、0600時、オランダ軍が退却に際して仕掛けていった遅延信管つきの爆薬が爆発し、続く火災によって、NKPM精油所の施設の約8割が焼失する結果となった。

L日当日
L-Day

　翌2月15日1030時、クルアンから派遣された偵察機が、P1飛行場に着陸した。投下された物料箱の多くが回収不能だった事実と挺進兵の展開状況を確認し、パイロットは報告に戻った。こうして、菅原中将麾下の第三飛行集団に、ようやく作戦成功の第一報がもたらされた。つまり、この当時は後方の作戦司令部と最前線の挺進部隊との無線連絡のシステムが、まだ確立されていなかったのだ。報告を受けた菅原は、ただちに火器弾薬の物料箱を満載した輸送機をパレンバンに差し向けた。

　正午近くには、久米挺進団長の一行が飛行場に辿り着いた。久米は前日に予定どおりの強行着陸で [監修註4]、飛行場の数キロ南西に降りていた。ところが、現場は水浸しの密林といった様相を呈していて、樹間を這うように進むうちに夜も更け、一行は蚊の大群に悩まされながら、眠れぬ一夜を明かすことになったのだった。

　1300時、今度は第二次挺進部隊が到着する。作戦計画に定められていたとおり、第三中隊90名は飛行場に支障なく降下した。久米団長は、パレンバン市街偵察に1個小隊を送り出した。足立中尉率いる小隊は、1730時、パレンバン市街に到達し、同市が放棄されたことを確認した。ムシ河の河岸ではオランダ軍の装甲艇2隻を発見し、うち1隻を小火器で航行不能にした。足立小隊の報告を受け、久米は即座に第三中隊をパレンバン市街に進ませた。夕刻、彼らは精油所降下部隊との連絡に成功した。

監修註4：久米団長をのせた野崎中尉操縦のロ式輸送機は連隊主力降下地域の南側に破損することなく胴体着陸を行なった。草原と思われた所はじつは湿地であり搭載していた九四連射砲は運び出すことができなかったという。

なお、歩兵第二百二十九連隊は予定より早く、この日の夜に上陸用舟艇でムシ河をさかのぼり、パレンバンに到着している。その後、2月20日には第三十八師団主力がパレンバンに進駐、挺進団からの引き継ぎがおこなわれた [監修註5]。

　こうして本作戦は成功裡に終わり、結果としてこれが日本軍落下傘部隊にとって最も意義深い勝利となった。ふたつの精油所のうち一方は著しく破壊されたが、より大規模なもう一方――BPM精油所――は、ほぼ無傷で確保された。南方軍総司令官寺内大将は、この労をねぎらい、挺進団に感状を出した。

監修註5：挺進第2連隊の損害は
戦死　　　38
戦傷　　　50
生死不明　 1
計89名であった。

挺進団、その後
Later service

　パレンバン作戦を終えた挺進第二連隊はプノンペンに帰還し、海難事故に遭って作戦に参加できなくなった第一連隊と合流した。蘭印攻略も一段落して、南方戦線の焦点はビルマに移り、4月8日、挺進第一連隊は第二連隊の一部とともにラングーンに移動する。日本軍が目覚ましい勢いで連合軍をビルマから駆逐しつつあるなか、ラシオに対する空挺作戦が計画されていたのだ。援蒋ビルマ街道上に位置するラシオを抑えれば、敗走する中国第66軍の退路を断つことができるはずだった。とは言え、地上の戦況が時々刻々と推移するとあっては、降下作戦をどのタイミングで実施するかが難題となる。飯田祥二郎中将麾下第十五軍の参謀部は、地上部隊のラシオ到達を5月10日前後と見ていたので、挺進団の降下作戦は5月5日に想定された。だが、日本軍地上部隊の進撃が期待された以上に快調で、4月末にはラシオに届きそうな勢いだったことから、降下作戦も4月29日に前倒しされる。

　というわけで、4月29日朝、挺進第一連隊員を運ぶ輸送機70機がラングーン北方トングー飛行場を離陸、北東に針路をとり、一路ラシオを目指した。その距離310マイル（約500km）。ところが、ラシオに近づくにつれて、天候が急激に悪化する。挺進飛行戦隊長新原中佐は、任務中止を決断した。そして、同日正午頃には、第五十六師団の歩兵部隊がラシオを確保するに至って、この空挺作戦は不発に終わることになった。

　7月、挺進団は内地に戻り、新田原に落ち着く。開戦前、彼ら落下傘部隊は防諜上の理由から、その存在すら秘匿され、隊員は自らの所属を家族に打ち明けることも許されなかった。それが「南方資源地域」獲得の一翼を担ったことで、今や彼らも「空の神兵」として報道機関にもてはやされるようになった [訳注8]。その成功を受けて、彼らの内地帰還後、挺進部隊はさらに増設される予定だった。だが、この年末（昭和17年末）を境に日本は防戦一方に追いやられ、強襲部隊をその本来の性格に見合った役どころで投入する機会は、ほとんどなくなる。事実、東部ニューギニアやアリューシャン列島のアッツ島に対しても空挺作戦が計画されたが、いずれも実施には至らなかった。

訳注8：落下傘降下作戦の成功を大本営が発表すると同時に、彼らの存在が国民のあいだに知れ渡り、高木東六作曲の『空の神兵』という国民歌謡が大流行し、以降それが陸海軍落下傘部隊の代名詞となった――以上『日本軍隊用語集』より引用、要約。

第4章　1944〜45年の空挺作戦
AIRBORNE OPERATIONS, 1944-45

レイテ作戦
OPERATION ON LEYTE

薫空挺隊、1944年11月
The Kaoru Airborne Raiding Detachment, Novemver 1944

　以下に紹介する薫空挺隊は、台湾の先住民である高砂族を集めて、1943年（昭和18年）12月に2個中隊規模で発足した遊撃隊という、いわゆるゲリラ部隊の一部として編成された。高砂族は勇猛果敢なことで知られ、野外行動術に長けた密林の戦士という定評があり、義勇刀と呼ばれる伝統的な短刀を携えた姿で有名だった［訳注9］。部隊の医務、通信などの特技兵と将校は日本人で占められたが、兵員の大半は高砂族出身者だった。東部ニューギニアにおける即製の奇襲部隊の活躍に刺激されたこともあり、この遊撃隊には陸軍中野学校出身者の監督下、ゲリラ戦や侵入・爆破工作、偽装術、特殊兵器の取り扱いなどの訓練が施された。

　1944年5月、遊撃第一および第二中隊は、メナドに司令部を置く蘭印担当の第二方面軍隷下に配された。続く6月、彼らはフィリピンの首都マニラに上陸する。さらに遊撃第二中隊はハルマヘラ島に移ったが、第一中隊はルソン島にとどまった（その後、第二中隊は、9月にアメリカ軍が上陸した後のモロタイ島に送り込まれる）。

　10月20日、レイテ島にアメリカ軍が上陸したとき、第四航空軍は、敵の掌中に落ちた飛行場に対して遊撃第一中隊を投入し、強行着陸による空挺攻撃を実施する決断をくだした。それを受けて、中重夫中尉の指揮下、

訳注9：高砂族は日本統治時代の台湾先住民の総称であり、現在は高山族（カオシャン）と称される。

零式輸送機での訓練飛行に臨む薫空挺隊員。座席は柳細工。中央通路で軍刀を手に片膝ついて控えているのは加来中尉（白い手袋が黒く塗られているのに注目）。略帽に重ねて鉄帽を被り、胸には爆薬を収納した雑嚢。これが1944年11月のレイテ作戦に参加した挺進兵のスタイルだった。写真手前の人物に見られるように、作戦に際して将校と下士官は識別用の白襷を掛けた。（監修註：零式輸送機は当時、海軍から陸軍に貸与されていた）

ブラウエン強襲作戦の出撃にあたり「天皇陛下万歳」を叫ぶ薫空挺隊員。白襷を掛けた将校と下士官は軍刀を、また高砂族出身の兵は彼らの伝統の義勇刀を高く掲げて。兵の白い腕章に注目（図版H1をあわせて参照されたい）。

部隊は着陸強襲作戦の速成訓練に入った。作戦の概要は、爆薬を携行した遊撃兵を輸送機で運び、飛行場に胴体着陸で直接送り込むというものだ。このとき部隊には、殊勲を立てるようにとの期待を込めて「薫空挺隊」の名称が、作戦には「義号作戦」の名称が付与された。こうして、薫空挺隊員40名が輸送機4機に分乗し（1機あたり10名搭乗）、レイテ島中央東寄りの米軍海岸堡内ブラウエン北および南飛行場に強行着陸で突入し、在地機や飛行場施設を破壊するという作戦計画がまとまった [監修註6]。

監修註6：輸送部隊は飛行第208戦隊、桐村浩三中尉。

部隊に警報が発せられたのは11月22日。同26日夜、零式輸送機／連合軍コード名"タビー"4機が、中重夫中尉指揮下の薫空挺隊員40名を乗せ、マニラ南のリパ飛行場を離陸した。米軍戦闘機との遭遇を避けるための極端な低空飛行で、彼らは350マイル（約560km）南西のレイテ島を目指した。離陸後2時間を経過したところで、部隊から目標上空に到達したという報告が届く。そして、その連絡を最後に彼らは消息を絶った。

翌日、日本軍の護衛船団が増援を揚陸させるレイテ島西岸オルモック湾の上空に米軍機の姿はなく、義号作戦は成功したかに見えた。しかし実際のところ、出撃した輸送機が次々に目標とは違う飛行場の付近に不時着したことから判断するに、パイロットらが針路を見失ったものと思われる。

たとえば、彼らのうちの1機はドゥラグ飛行場沖あいの海に不時着水した。米軍の警備艇が接近すると、手榴弾が投げられた。警備艇は応射し、これによって空挺隊員2名が死亡、残りの者は泳いで岸に辿り着き、そのまま姿を消したと伝えられている。また1機はアブヨグ飛行場に近いビート海岸に不時着、米兵の銃撃を受けて搭乗員1名が死亡、残りはジャングル内に逃げ込んだという。さらに1機はブラウエンまで到達したものの、米軍の対空砲に撃墜され、全乗組員が死亡。残る1機は針路を見誤ってオルモック近辺に着陸、搭乗人員は何とか友軍部隊と連絡を果たした。こうして難を逃れた薫空挺隊員は、山中で個々にゲリラ戦を展開したかもしれない。だが、おそらく彼らは第十六師団に合流したのだろう。いずれにせよ、彼らのその後について、詳細は不明である。

第四航空軍司令官の富永恭次中将が、ルソン島マニラのリパ飛行場から義号作戦に出撃する薫空挺隊の指揮官中重夫中尉を握手で激励する。中尉の鉄帽にはゴーグルが重ねられている。

第二挺進団、1944年12月
The 2nd Raiding Brigade, December 1944

　内地に帰還後、長く休養待機するあいだに、挺進団には新たな部隊が追加され、彼らは拡充の時期を迎えた。第一挺進団が南方に送り出された後に、挺進練習部内に編成されていた教導挺進第一および第二連隊は、1944年8月にいったん解隊され、その要員は新編の挺進第三および第四連隊に配属されることになった。また、挺進第五連隊は、やはり新設の滑空歩兵第一および第二連隊に吸収再編された。そして、挺進第三および第四連隊をもって、徳永賢治大佐指揮下に第二挺進団の戦時編制が発令されたのが11月6日のことだ。このとき彼らには、神道的伝統を背負った九州中央部の地名に因んで「高千穂」という秘匿名称が付与された。そのため、彼らは「高千穂挺進隊」と呼ばれることもあった。

　すでに10月下旬に米軍がレイテ島に上陸したことで、挺進団には再び動員が下令されていた。大本営が編成途中の第二挺進団にフィリピン展開を発令したのは10月25日。これを受けて、10月30日、白井恒春少佐の挺進第三連隊は空母『隼鷹』で佐世保を発ち、米軍潜水艦あるいは航空機を回避しながら、11月11日にはマニラに入港した。同日、第二挺進団司令部も空路マニラに到着している。斉田治作少佐の挺進第四連隊は、11月3日に輸送船赤城山丸に乗船、門司を出港して、11月30日にサン・フェルナンドに上陸した。こうして、第二挺進団はマニラ北方のクラーク航空基地に集結するが、同団配属となった挺進第一および挺進飛行第二戦隊は、まだ台湾にあった。

ブラウエン挺進
The Burauen raid

　このとき日本側は、いかなる犠牲を払ってでもレイテ島から米軍を排除したい考えで、薫空挺隊の作戦失敗も顧みず、再び敵飛行場の制圧を企図していた。となればこれは、継続的航空攻撃の一環として、より大規模かつ有望な空地共同作戦となるはずであり、在ルソン島第十四方面軍と富永恭次中将の第四航空軍によるその実施計画は、暫定的手法としての義号作戦に先立って策定されていた。

　在レイテ島の日本軍は、鈴木宗作中将を司令官とする第三十五軍の隷下にあった。挺進団と、牧野四郎中将の第十六師団は、ブラウエン地区の3ヶ所の飛行場[脚注2]を占領する任務を課された。ここには、山縣栗花生中将の第二十六師団がオルモックから東進して脊梁山脈を横断し、増援に駆けつけることになっていた。なお、この空挺作戦は「テイシンダン」の頭文字をとって「テ号」、それに呼応する地上の方面軍の作戦は「和号」と称された。その後、挺進第三連隊長白井少佐の具申により、テ号作戦計画にはタクロバンとドゥラグの両飛行場への空挺降下も追加された。

　テ号作戦を控えて、挺進第三連隊と第四連隊（一部）は3個梯隊に分けられた。また、一部の飛行場には両連隊員による混成部隊を投入する。部隊の一部は百式重爆に搭乗して飛行場に強行着陸で突入し、携行爆薬で優先目標――駐機中の敵機および物資集積所――を破壊する。それ以外は、百式輸送機から降下し、米軍部隊との戦闘および対空砲陣地その他めぼしい施設の攻撃を担当する。各飛行場への挺進人員と航空機の割り振りは以下のとおり。

ブリ（ブラウエン南）飛行場
　　挺進第三・第四連隊204 〜 260名
　　百式輸送機×17機
バユグ（ブラウエン北）飛行場
　　挺進第三連隊72名
　　百式輸送機×6機
サン・パブロ飛行場
　　挺進第四連隊24 〜 36名
　　百式輸送機×3機
ドゥラグ飛行場
　　挺進第四連隊84名
　　挺進第三連隊20名
　　百式輸送機×7機
　　百式重爆撃機×2機
タクロバン飛行場
　　挺進第四連隊44名
　　百式輸送機×2機
　　百式重爆撃機×2機

　第二梯隊は、挺進第三連隊の第三および重火器中隊と通信隊で構成される。第三梯隊には残り80名が配された。

脚注2：ブラウエン地区にはブラウエン北および南飛行場と、この両者のすぐ東側に位置する小規模なサン・パブロ飛行場があった。日本側は、ブラウエン北および南飛行場を、それぞれブリ、バユグと呼んだ。

リパ飛行場のはずれに、念入りな偽装を施されて駐機している零式輸送機に乗り込む薫空挺隊員。見守るのは加来中尉。隊員が天幕兼用雨具を背負っていること、多くが──たとえば画面左手前の兵──九九式歩兵銃のほかに、軽機関銃の弾倉嚢を携行していることに注目。1944年11月26日撮影。

　当初、和号作戦の決行日は12月5日と想定されていたが、第十六および第二十六師団の準備不足は度外視されていたようだ。しかも、天候不良につき空挺降下は翌日の夜まで延期とする計画変更が伝達されないまま、両師団とも5日夜には攻撃を開始してしまった。この日、輸送機部隊は台湾からクラーク基地に到着したばかりで、空襲被害を避けるため、ただちに分散駐機して偽装態勢を取った。

　翌6日1540時、輸送機35機と重爆4機から成る空挺部隊がクラーク基地を発進した。編隊がレイテ上空に進入したとたんに、彼らの周囲で対空砲弾が炸裂しはじめた。ブラウエンに向かっていた輸送機編隊は同地域に到達したものの、凄まじい敵火にパイロットが惑わされたのか、大半の挺進兵がサン・パブロに降下してしまうことになり、ブリに降りたのは白井少佐ほか60名に過ぎなかった。ドゥラグとタクロバンを目指した輸送機部隊は、全機が撃墜された。

　結局、リパに帰着した輸送機は35機中17機で、その大半が被弾損傷していた。翌日、第二梯隊を乗せた輸送機8機と重爆2機が離陸したが、レイテ上空の悪天候により、任務は中止された。そして、オルモックに米軍（第1騎兵師団・第77歩兵師団）が迫ったことを受けて、以降のブラウエン空挺作戦は断念される。

　さて、ブラウエン地区担当の米軍は、ジョセフM.スウィング少将麾下第11空挺師団で、11月18日に第XXIV軍団の増援部隊として海路上陸して以来、同地区の防衛に就いていた。隷下部隊は起伏に富んだ丘陵地帯に広く分散配置され、補給はバユグを基地とする35機のパイパーL-4単発連絡機からの空中投下に頼っていた。バユグ近傍には第127工兵大隊と第408補給中隊・第511信号中隊が配され、師団司令部と師団砲兵本部はサン・パブロ付近に置かれた。また、ブリには第187グライダー歩兵連隊第1大隊が、そしてその西側に対空砲部隊が布陣していた。

　彼らの頭上に日本軍の輸送機が姿を現したのは、12月6日1800時のことだ。飛行場群の上空で次々とパラシュートが開花する。このとき、丘陵地帯を踏破して突入してきた第十六師団の将兵約300名は、ブリ飛行場北側に広がる森林区域に布陣した。

　一方、降下した挺進兵は──降下着地の際に銃撃を受けて倒れた者もい

上：百式輸送機から降下する陸軍落下傘兵。四式落下傘が使用されている。四式傘はパラボラ状のデザインで、傘体周縁にはキャンバー・パネルが縫いつけられ、振動軽減策が採られていた。従来の落下傘は振動の影響を受けやすく、ことにダウンスウィングの瞬間に着地すると、降下者は地面に叩きつけられる格好になり、致命的事故に帰結しかねなかった。ちなみに近年、太平洋戦争末期の日本は「カミカゼ・スカイダイバー」すなわち爆弾に身体を縛りつけて、敵艦に自由落下で突っ込む特攻隊の起用を検討していたという説が浮上している。だが、50kg爆弾と一緒に降下すれば、自由落下の姿勢制御が極端に妨げられるうえ、相手に与えるダメージもほとんど期待できない。加えて、そもそも自由落下というスカイダイビングのスタイルが1950年代末に発展したものであることは言うまでもない。

下：第二挺進団「高千穂部隊」の隊員が、ブラウエン一帯の地理を地形盤で確認中。左端の隊員は航空写真を手にしている。全員、襟章付きの防暑じゅばんを着用し、額には戦場に赴く日本兵の伝統として「鉢巻き」を締めている。これは汗止めという実用目的があるばかりでなく、彼らの決意の象徴でもある。鉢巻きと言えば特攻隊の「神風」鉢巻きがすぐに想起されるかもしれない。だが、鉢巻きは特攻機パイロットの専売特許というわけではなかったことが、この写真を見てもわかるだろう。

るが——バユグの滑走路上に列置された連絡機に何とか到達し、手榴弾を投擲しはじめた。燃料その他物資の集積所には火を放つ。敵が遺棄した火器を鹵獲して使う者もいた。抵抗は無駄であるとして、米兵に降伏を呼びかける一幕もあった。だが、約60名の米軍補給部隊員と地上員は着陸帯の南側に壕を掘って踏みとどまり、一夜をもちこたえる。彼らの師団司令部部隊はサン・パブロの維持に割かれていたので、第127工兵大隊が歩兵戦闘を展開、米軍は反撃に出た。

　12月7日払暁、歩兵部隊として再編された第674グライダー野戦砲兵大隊が海岸地区から駆けつけ、第127工兵大隊に合流して戦闘に加わった。日没には、彼ら工兵と砲兵の合同部隊が地域一帯をほぼ確保、飛行場群の北側に布陣する。その頃には、辛うじて飛行可能な連絡機が離陸し、最前線部隊への補給作業を再開した。第187グライダー歩兵連隊第1大隊は、第38歩兵師団第149歩兵連隊第1大隊と第767戦車大隊の支援を得て、12月11日まで掃討作業にあたった。なお、ここで捕虜になった挺進兵はひとりもいない。

　日本側は、空からの奇襲効果を計算に入れていたのだろう。だが、この場合、相手が悪かった。少なくとも第11空挺師団には——彼らにとってパラシュート降下など至って普通の手段であるからには——効き目がなかった。ところが、日本兵の遺体から酒瓶が見つかった例がある。それには「空

脚注3：この日章旗は現在ウェストポイントの米国陸軍士官学校博物館に収められている。旗に書かれた「香取」は白井率いる挺進第三連隊の秘匿名称であり、「神兵」は落下傘兵の代名詞「空の神兵」から採ったもの。

中挺進まで飲むべからず」の注意書きが添えられていたという。サン・パブロでは、滑走路の傍らの椰子の木に日本兵が日章旗を掲げ、それをふたりの米兵が銃火をかいくぐって引きずり降ろすという場面が展開した。その旗は「香取神兵白井恒春君」に「尽忠報国」を祈って贈られたものらしく「富永恭次、陸軍中将」のサインと1944年（昭和19年）12月3日の日付が入っていた [脚注3]。

　手もとの戦力の半数を失った末に白井はブリから撤退し、12月8日、バユグに向かったが、ここに友軍の姿は皆目見あたらなかった。いったんブリに引き返したものの、後続の第二梯隊が到着しなかったので、白井らは陸路西進し、12月18日にようやく第二十六師団の隷下部隊と連絡を果たした。

　この戦闘におけるアメリカ側の死傷者の数は、さまざまな部隊が断片的に分散投入されたために、未だ正確に把握できていない。全損11機をはじめとする連絡機の被害は、前線部隊への補給活動に響いたが、それも数日後に代替機が到着するまでのことだった。

オルモックの戦闘
The battle of Ormoc

　12月7日、オルモック付近に米軍が上陸したとの一報を受けて、第四航空軍はブラウエン挺進作戦を切り上げ、残る挺進第四連隊をオルモックに急派する決定をくだす。翌8日から14日にかけて、481名の挺進兵が、オルモック北方9マイル（約15km）のヴァレンシア飛行場に降下した。当時、オルモックに所在した兵力1,700名の大半は後方部隊で、独立歩兵第十二連隊の今堀支隊350名が辛うじてこれに加わっている程度だった。

　12月8日、まず挺進第四連隊第一中隊の90名が第一陣としてヴァレンシアに降下する。彼らは速やかに南下して、オルモック東に位置する米軍の丘陵陣地に攻撃をかけ、いったんは攻略に成功したかに見えた。だが、ほどなく凄まじい砲撃に遭って中隊長高桑中尉を失ったほか、部隊の半数が死傷する。日没に至って彼らは後退し、今堀支隊に合流した。

　翌9日は悪天候で飛行不可だったが、10日になって連隊長斉田少佐が、第三中隊84名とともに降下して現地入りした。このとき、第三十五軍司令部の命令で、斉田連隊は今堀支隊に配属され、オルモック北方の、街道を見下ろす丘の斜面に布陣する。

　翌朝、米軍1個大隊が、大々的な支援砲撃を受けつつ来襲した。危機的状況を迎えて、斉田は反撃を命じた。第三中隊長明石中尉が部下70名を率い、水田の用水路に沿ってひそかに相手に接近し、至近距離で飛び出して突撃した。1個大隊の敵は、ひとまず退けられた。ところが、米軍はすかさず新手を繰り出し、明石中隊はこれに包囲されたうえ、激しい砲火を浴びることになる。明石は砲弾に直撃され、その場に残ったのは軍刀のみだった。中隊は戦力の1/3を失った。それを境に、疲弊した挺進部隊には、正面突撃など実施できなくなった。その代わりに、日中は壕にこもってひたすら耐え、夜間に「斬り込み」をかけて米軍の燃料集積所や弾薬庫を荒らし、食料を奪う。しかし、そうした抵抗の日々も長くは続かなかった。12月16日、米軍は日本軍防衛線を破って、ヴァレンシアに向かって進撃

を開始する。12月20日、第三十五軍は各部隊の残余に対して、カンキポット山地への退却命令を出した。生きのびてカンキポットに辿り着いた斉田部隊の挺進兵は、わずか100名ほどに過ぎなかった。

　それより先、12月14日夜、挺進第四連隊重火器中隊長の大村大尉が、35名を率いてヴァレンシア付近に降下している。輸送機の手配がつかないために、この第6次をもってヴァレンシア降下は打ち止めとなった。彼らはヴァレンシア手前で降下し、うまく難を逃れたと言える。というのも、ヴァレンシアは砲撃にさらされていたからだ。第三十五軍司令部に出頭した彼らは、リモンまで北上し、消耗した第一師団と連絡をつけるべく送り出された。第三中隊の残余をも集めて、総勢75名を率い、大村は北に向かった。

　第一師団長片岡董中将は、こざっぱりとした降下服に身を包み、機関短銃を携えた精鋭部隊の到着をおおいに喜んだ。大村らは米軍砲兵部隊の猛烈な砲撃に耐えつつ、時間稼ぎの遅滞行動を展開した後、12月21日夜、第一師団司令部を護衛して撤退するよう命じられた。迫撃砲で武装したフィリピン人ゲリラ部隊の執拗な襲撃を受けながら、彼らがカンキポットに到着したのは12月31日、大村隊は47名に減っていた。

　明けて1945年（昭和20年）1月、大村隊は、落伍兵や薫空挺隊の生存者を指揮下に入れて100名余りに増員した。同月末、白井少佐が挺進第三連隊の生き残り10人余を連れてカンキポットの軍司令部に辿り着いた。白井自身は黄疸を発症しており、数日後に亡くなった。大村によれば、挺進第四連隊の最後の生き残りを加えて、挺進兵は約400名ほどだったという。2月を迎えて、米軍の反復攻撃も激しさを増すなか、包囲された日本軍は戦闘による損耗のほか病気と飢えにも苦しみ、ますます弱体化してゆくばかりだった。

　3月17日、第三十五軍司令部がセブ島へ渡るにあたって、斉田少佐と大村大尉は、兵76名とともに海岸までの護衛を命じられた。連れて行く兵は健康状態良好で、戦う体力を残している者が選ばれた。傷病兵は置き去りにするほかなく、すでに集結地点までの行軍でも多くの兵が失われた。

　このとき海岸に到着した大発（特型運貨船）は、予定の4隻ではなく2隻だけだった。高千穂部隊員は半数がレイテ島に残らねばならなかった（この100名ほどの残留組は一人として戦争を生きのびることができなかった）。

　2隻の大発はセブ島北のタボゴンに着いたが、その後、米軍の哨戒魚雷艇に破壊された。ともあれ、レイテ島脱出組は、3月24日にセブ市内で再び第一師団の人員に加わる。だが、セブ島にも米軍が上陸するにおよんで、第三十五軍司令部は現地の刳り船（カヌー）を調達し、斉田ら20名を護衛として同行させ、再び脱出を図る。6月14日、海上で米軍戦闘機の機銃掃射を受け、軍司令官鈴木中将と司令部要員は死亡。斉田と彼の部下数名は辛うじてミンダナオ島に着いた。

　一方、セブ島に残った大村らは、やはりレイテ島から逃れてきた第一師団員と合流する。彼らは米軍やフィリピン人ゲリラを避けながらジャングルを転々とするが、この大村グル

装備を身につけ、出撃準備をする挺進第三連隊長の白井恒春少佐と、副官の河野大尉（右）。1944年12月6日、ブラウエン挺進作戦を控えて、発進基地となったクラーク基地で。この上には降下外被と呼ばれるスモックが重ねられるはず。

装備を身につけて、出撃準備の整った第二挺進団員。画面中央の兵は脚に装着したバッグを吊り下げるロープを巻き上げているところ（図版H2をあわせて参照されたい）。

ープの挺進兵（56名）のうち、生きて終戦を迎えることができたのは17名に過ぎない。

レイテ以後の第二挺進団
The 2nd Raiding Brigade after Leyte

　レイテ島に主力を送り出した後も、第二挺進団「高千穂部隊」は500名の要員をルソン島に残していた。レイテ島を得た連合軍が、続いて近隣の島に上陸してくるのは確実だとして、第四航空軍はネグロス島北のバコロド飛行場に、挺進団の一部を急派した。その基幹部隊となったのは、本村大尉率いる挺進第三連隊重火器中隊である。彼らは12月17日と18日の2日間に分けてバコロドに向かった。途中、機関銃小隊を乗せた輸送機2機が米軍戦闘機に撃墜されるが、本村以下60名、何とかバコロドに降り立った。当時ネグロス島には、セブ島の第百二師団から派遣された歩兵第七十七旅団（一部欠）が駐屯していた。ただし、これは警備専門の、いわば第二線級の部隊であって、彼らの戦闘経験と言えば対ゲリラ戦に限られた。旅団長河野毅少将は、本村ら精兵の到着を歓迎し、まず最初に、旅団の将兵を対象とした対戦車戦闘の訓練を実施するよう求めた。実際、練度の高い挺進兵による実演講習は、経験の乏しい旅団員をおおいに刺激することになったようだ。

　それをよそに米軍は、当初ネグロス島を迂回して、ルソン島に上陸する。結果として、本村部隊は3ヶ月余りのあいだ、もっぱら局地的な対ゲリラ戦闘に従事することになった。だが、3月29日になって、米第40歩兵師団がネグロス島西海岸に上陸、バコロドに迫った。平野部に布陣していた日本軍は山岳地帯に押しやられたが、反面、山中は格好の潜伏陣地にもなった。

　4月9日、第503落下傘連隊の増強を得た米軍は、一大攻勢に出た。高千

12月6日、クラーク航空基地にて。すでに完全装備の挺進兵2名が、搭乗命令を待つ。右は衛生兵で、衛生材料を詰めた雑嚢を脚に装着している。日本軍でもキリスト教諸外国と変わらぬ赤十字のマークを使用している点に注目。

穂分遣隊は、同じ空挺部隊を相手に、まずは至近距離からの銃撃戦を展開する。対歩兵戦闘であれ対戦車戦闘であれ、彼らが示した死守の姿勢に米軍もおいそれとは手が出せなかった——が、6月2日に至って、ついに高千穂部隊の陣地は米軍の蹂躙を受ける。その間に本村は戦死、日本軍はますます山中奥深くへ後退し、ひたすら米軍の偵察隊との遭遇を恐れながら、終戦の日を待つことになる。この期間中、病死・餓死したネグロス守備隊将兵は数千人にのぼる。生きながらえた高千穂分遣隊員は30名である。

さかのぼって1月9日、ルソン島に米軍が上陸した後、残留していた第二挺進団員は、第四航空軍司令部に随伴して同島北のエチァゲに移動する。3月、彼らに対して、バレテ峠に急行して岡本保之中将の第十師団の指揮下に入るよう、命令がくだった。彼らはバレテ峠一帯で米軍の進撃を阻止するが、5月27日、峠は突破された。高千穂部隊は取り残され、東へ退いてマンパラン山系に分け入った。8月末、彼らが日本降伏の事実を伝え聞いたとき、生き残った者は80名ほどに過ぎなかった。

ルソン島の第一挺進集団
THE 1st RAIDING GROUP ON LUZON

第一挺進集団が編成完結した頃、第二挺進団はすでにルソン島へ送られていた。塚田少将は、大本営に対し、麾下集団のフィリピン投入を強く訴えた。その後、願いかなって隷下部隊はルソン島へ派遣される。ただし、第一挺進団と第一挺進戦車隊、第一挺進整備隊は、新たな落下傘部隊編成のため、戦略予備とともに国内に留め置かれた。

集団の第一梯隊——滑空歩兵第一連隊と、第一挺進工兵隊および第一挺進通信隊の各1個中隊——は、12月17日に空母『雲竜』で日本を発った。だが、同19日、潜水艦『USSレッドフィッシュ』（SS-395）から発射された魚雷5発が命中、雲竜は撃沈され、挺進集団1,000名の兵力はあっけなく

12月6日午後、クラーク航空基地にて。百式輸送機に乗り込む高千穂部隊。脚に装着するバッグを、まだ手に持っている兵も。機内で装着するのだろう。なお、ブリ飛行場上空で降下の際、縛帯の離脱器の不具合によって落下傘から身体が離れて事故死する例があったと報告されている。

失われた。第二梯隊——750名規模の滑空歩兵第二連隊、第一挺進工兵隊（一部欠）、第一挺進通信隊（一部欠）、第一挺進機関砲隊——は、12月21日に輸送船で門司を出港、同29日にはルソン島サン・フェルナンドに無事到着した。滑空歩兵連隊は、ここから鉄路南下し、クラーク航空基地に移動する。あとの部隊は、空襲により鉄道が寸断されたため、サン・フェルナンドに残されることになった。彼らは尚武集団すなわち第十四方面軍に隷属し、バギオ戦を戦う。

　塚田少将と司令部要員は、1月8日、空路クラーク基地に到着し、現地の混沌たる状況を確認した。陸軍と海軍、さらにそれぞれの航空隊あわせて3万人もの人員が、統合指揮官を欠いたまま、基地周辺に集中している。そこへ降り立った塚田は、建武集団長を拝命した。つまり、クラーク地区にあった滑空歩兵第二連隊、機動歩兵第二連隊、歩兵第三十九連隊（一部欠）、第四航空軍の地上勤務部隊、海軍の対空砲要員、建設部隊と空中勤務要員などの一大集団を一手に掌握することになった。クラーク基地を含め、カラバヨ山地一帯の防衛に責任を負う立場となった塚田は、諸部隊を再編し、防衛計画をたて、北に向かって防衛線を敷いた。滑空歩兵第二連隊は、その第2線の中央に配された。山間部を背に11もの飛行場を抱えた開豁地を維持するなどというのが、いかに困難なことであるか、塚田は知り抜いていた。

米第XIV軍団は、1月23日に攻撃を開始した。第一線陣地帯は30日まで保ったが、やはり相手の火力に圧倒されて、配置部隊は第二線陣地帯への後退を余儀なくされる。ほどなく米第40歩兵師団が熾烈な戦闘を展開しながら、第二線の丘陵地帯にまで踏み込んできた。挺進集団滑空部隊は必死で抵抗したが、水も糧食も尽きていた。2月10日前後、彼らはピナツボ山中に退き、米軍はクラーク基地を掌中におさめた。3月、塚田はクラーク防衛に尽くした功により、中将に昇進する。だが、彼の建武集団は、立て続けに米第43歩兵師団と第38歩兵師団の攻撃を受け、4月の声を聞く頃には著しく弱体化していた。4月6日、塚田中将は、麾下集団に対して解散を命じ、以降は自活せよと指示した。彼自身は9月2日に約1,500名の将兵とともに投降したが、うち100名が滑空歩兵第二連隊員だった。

沖縄の義烈空挺隊
THE GIRETSU AIRBORNE UNIT IN OKINAWA

1944年11月24日、マリアナ諸島から発進したB-29爆撃機編隊が、第1回目の東京大空襲に来襲した。時を同じくして、第一挺進団に対し、ある特殊任務部隊編成の命令が届いた。すでに日本軍はマリアナ諸島の飛行場に対して爆撃を加えていたが、米陸軍航空隊の爆撃機基地建設を遅らせるのに、それではまだ不充分だった。そこで大本営は、サイパンの飛行場に空挺特攻隊を送り込む計画をたてたのだった。部隊は強行着陸で突入し、在地のB-29を携行した爆薬で爆破する——。

この特殊任務部隊の指揮官に選ばれたのが奥山道郎大尉である。挺進第一連隊作業中隊長で、破壊工作と爆破作業の専門訓練を受けていた。彼に限らず、それまでの挺進作戦への参加を逃していた第一連隊員は、やはり戦場に出るのを熱望していた。奥山は、陸軍が落下傘練習部を設立した当時からの、いわば落下傘部隊生え抜きのひとりであり、優秀な将校にして部下の信望ひときわ厚い傑物だった。団本部は、その奥山に、すでに彼が特攻隊と理解している部隊に必要な126名の人選をも任せた。彼は要員の大半を自身の中隊から選抜した。この特殊任務部隊は、やがて「義を重んずる」の意をこめて「義烈空挺隊」と名付けられる。指揮分隊（奥山）と5個小隊という編成内容で、各小隊長は第1小隊が宇津木中尉、以下順に、菅田中尉、渡部大尉、村上中尉、山田中尉だった。

12月5日、奥山隊は宮崎から埼玉県の航空士官学校に移った。このとき、陸軍中野学校出身の情報将校10名、いずれも破壊工作の専門家が加わり、各小隊に2名ずつ配されて、奥山隊は総勢136名となる。なお、奥山隊は教導航空軍の直轄部隊とされた。

航空士官学校には、B-29の実物大模型が用意されていた。B-29のアルミ外皮に磁石つきの九九式破甲爆雷を押しあてても意味がない。そこで、2種類の特殊兵器が開発された。ひとつは、2kgの爆薬に柄を取り付けたもので、爆薬部分の先端にはゴム製の吸盤がついている。柄を握って、爆薬をB-29の主翼下面に押しつけ、コードを引いて遅延信管を作動させる。もうひとつは、4m～5mのロープに爆薬を複数個つけたもので、ロープの一端にはウェイトとして砂袋が結びつけられている。これをB-29の胴体あるいは主翼に引っかける要領で放り投げる。

12月6日1540時、クラーク基地で百式輸送機35機と百式重爆撃機4機が離陸滑走に入った。これから彼らはネグロス島南東まで430km余り進航して、バコロド飛行場を離陸した護衛戦闘機部隊および軽爆撃機部隊と会合する。それから東に変針して、晴れた空のなかレイテ島ブラウエン飛行場群まで、残る230kmを飛ぶことになる。

　義烈隊は集中訓練を開始した。奥山は、たとえ命にかかわる深傷を負いながらでも各人が少なくとも2機から3機は破壊せよ、と隊員に力説した。12月22日、部隊は視察に訪れた高級参謀ら関係者一同に、訓練の成果を披露する。彼らは日没後の暗闇のなかを昼間と変わらぬ速度で走り抜け、模型のB-29へ巧みに模擬爆薬を仕掛けてみせた。その忍者というにふさわしい巧みな身ごなしに、参観者は一様に感銘を受けた。

　ところが、義烈隊は準備万端でも、輸送機部隊の態勢が万全とはほど遠かった。義烈隊の空輸に任ずるのは、諏訪部大尉の独立第三飛行隊だったが、三菱百式司令部偵察機から三菱九七式重爆撃機／連合軍コード名"サリー"に機種転換して日が浅かった。パイロットが新しい機体に不慣れで、洋上を長距離飛行する段階にはとうてい至っていなかった。にもかかわらず、攻撃実施は1945年（昭和20年）1月17日に予定され、奥山らは浜松基地に移動する。だが、中継基地である硫黄島の飛行場が米軍の空襲で叩かれ（九七式重爆はマリアナ諸島に直行できるだけの航続距離をもたないので、硫黄島で再給油する計画だった）、作戦は中止された。失意の義烈隊は、第一挺進団が駐屯する新田原に戻った。

　サイパン挺進が中止となった後は、3月に米海兵隊に奪われた硫黄島の飛行場を攻撃する計画がもちあがったものの、これもやはり同島守備隊が全滅した時点で立ち消えとなった。それでも義烈空挺隊が解隊されることはなく、隊員の士気も依然高かった。もっとも、これは彼らにとって試練の時期だった。彼らは特攻隊として常に優遇されていたが、そうした特別扱いが、出撃を待つ身にはかえって重荷となったのだった。

　4月1日、沖縄に米軍が上陸し、早々に西海岸の読谷および嘉手納の飛行場が奪われた。さっそく両飛行場に展開した戦闘機部隊が、米艦隊に襲いかかる「カミカゼ」攻撃機を迎撃・撃墜するようになった。5月15日、第6航空軍（旧教導航空軍）は、上記の両飛行場を無力化するため義烈空挺隊の投入を許可されたいと大本営に迫った。

　こうして、義烈空挺隊と独立第三飛行隊は熊本の健軍飛行場に移駐し、「義号作戦」──と命名された──の発動に備えた。飛行隊は、武装を撤去して軽量化を図った九七式重爆16機（4機は予備機）を提供することになっていた。このうち8機は、奥山と、第一・第二・第五小隊を乗せて読谷に向かう。あとの4機は、渡部率いる第三小隊と第四小隊を嘉手納に運ぶ。彼らは健軍飛行場を夕刻に離陸し、夜半前に強行着陸で目標飛行場に突入予定だった。着陸したら速やかに飛び出し、在地機や飛行場の諸施設を破壊する。その後は近辺に布陣し、携行した自動火器をもって、敵が施設を利用するのを阻む。彼らの強行着陸に先がけて、陸海軍の爆撃機と戦闘機あわせて約50機が目標飛行場を攻撃する。これは、義烈空挺隊の搭乗機が進入してくるときに、米兵の注意を逸らす効果を狙ってのことだ。そし

海軍は落下傘兵の輸送と物料投下に、長距離性能を誇る三菱G4M（一式陸攻）を使用した。写真は桜花装備の神電部隊（721空）。

　て翌日には、米軍戦闘機基地が無力化されたのにともない、陸海軍の特別攻撃機約180機と通常攻撃機（有人飛行爆弾『桜花』搭載）30機をもって、米軍艦船を攻撃する計画だった。
　義烈空挺隊の装備編成は次のとおりだが、火器についてはこのほかにも各人が手榴弾（高性能炸薬弾、黄燐弾）と拳銃を携行した。

指揮分隊（10名）
　軽機関銃班（軽機関銃×1）
　伝令班
　通信班
第一〜第五小隊　各2個分隊編成；各分隊とも；
　第一班（分隊長含め4名）：小銃（九九式歩兵銃）×1　百式機関短銃×2　柄付爆薬×2　九九式破甲爆雷×4
　第二班（3名）：小銃×1　九九式軽機関銃×1　柄付爆薬×1　九九式破甲爆雷×4
　第三班（3名）：小銃×1　機関短銃×1　柄付爆薬×1　九九式破甲爆雷×4
　第四班（3名）：小銃×1　機関短銃×1　八九式擲弾筒×1　柄付爆薬×1　九九式破甲爆雷×4

　作戦決行は5月23日と定められたが、当日になって沖縄上空の天候不良により1日延期となった。翌日、出撃を控えて集合した隊員は意気軒昂だった。もとより生還を期せず、の心境だったのだろうが——。簡単な出陣の儀式を済ませて、彼らは機上の人となる。1850時、12機の爆撃機は離陸し、480マイル（約720km）彼方の沖縄を目指して、南西に針路を取った。ただし、そのうちの4機はエンジンの不調で任務を中止し、基地に引き返すことになった。
　発進基地の健軍飛行場の作戦室では、義烈空挺隊を見送った関係者一同が、通信室から引き込んだスピーカーの周囲に集まっていた。2210時、義烈隊からの通信が入る。「只今突入せり！」固唾を呑んで待ちかまえて

"サリー"こと九七式重爆撃機。1945年5月24日夜、読谷飛行場に胴体着陸して管制塔近くまで滑りこんで停止した独立第三飛行隊所属機である。同夜の読谷飛行場の損害は、本機に乗り込んでいた義烈空挺隊12名によるもの。

いた一同から歓声が上がった。その30分後、傍受される米軍の通信量が増え、緊急事態——読谷の飛行場で日本機炎上中——の起こったことを告げていた。

　さかのぼって同日2000時、特攻機(カミカゼ)がレーダー哨戒艇を攻撃するのに呼応して、飛行場空襲部隊が爆撃進入を開始した。その航跡を追うように、義烈空挺隊を乗せた爆撃機が轟音とともに低空進入する。

　米海兵隊と陸軍の対空砲大隊は射撃を始め、双発機11機を撃墜した。海兵隊第31航空群の基地となっていた読谷に対する投弾は目標から逸れた。2125時、1機の"サリー"こと九七式重爆が、先発隊より低空から爆撃進入に入って撃墜された。2230時にはさらに3機が進入、これは明らかに強行着陸を狙っていたが、いずれも撃墜されて飛行場近傍に突っ込んだ。だが、搭乗していた奇襲隊員(コマンドウ)——義烈空挺隊員——の少数が死を免れ、猛然と任務を遂行しはじめる。ある対空砲陣地は、突っ込んできた爆撃機のうち1機の主翼に潰され、砲側員が生き埋めとなって2名が死亡した。そして5機目のサリーは北西〜南東方向に走る滑走路上に胴体着陸し、管制塔からわずか80ヤード（約70m）地点にまで滑り込んで停止した。その機内から、見たところ12名のコマンドウが躍り出たかと思うと、手榴弾や爆薬を投擲しつつ、銃撃を始めた。この攻撃で燃料庫2ヶ所に火が入り、70,000ガロンのガソリンが焼失した。基地は大混乱に陥り、海兵隊地上勤務員と対空砲員、基地警備隊員のそれぞれが一斉に撃ちはじめ、銃弾が四方八方に飛び交う事態となる。記録されている米兵の負傷18名と戦死1名は、この混乱のなかで発生しものであり、在地機の損傷も、ある程度はこの見境ない銃撃によって引き起こされたとも考えられる。

　突入してきたコマンドウは、最後の1名が翌日1255時に藪にひそんでいるところを発見されて射殺され、これで全員が戦死したことになった。日本側の死者はコマンドウと航空兵あわせて69名が確認された後、埋葬された。何名かは自決したものと見られる。米軍側の航空機の被害は、ボートF4Uコルセア戦闘機3機、コンソリデーテッドPB4Yプライヴァティーア四発哨戒爆撃機2機、R4D（ダグラスC-47）輸送機4機が全損、さらに22機のF4Uと、グラマンF6Fヘルキャット戦闘機3機、PB4YとR4D各2機が一部損傷というものだった。

　翌25日と27日にも日本側は「カミカゼ」攻撃を展開する。だが、読谷への挺進攻撃が、艦隊をまもる米軍戦闘機部隊に多大な被害を与えていたならば、その必要もなかったはずだ。つまり、読谷挺進の決行後も米軍戦闘機の数に変化はなく、相手に実質的な打撃は与え得なかったということになる。そして、読谷飛行場は25日午後には機能回復し、損傷機もそのほとんどが数日で補修された。

日本軍落下傘部隊の最後
The last of Japan's paratroopers

　数ヶ月後、再び沖縄の飛行場に対する空挺特攻の計画が持ち上がった。今回は、九八式二十粍機関砲搭載の九五式小型自動貨車12台を、ク-八型滑空機に乗せて空輸し、着地後は飛行場を縦横に走り回らせて在地機を破壊する──というのが計画の主眼だった。自動貨車の運転要員は第一挺進戦車隊から、砲手要員は第一挺進団のその他の部隊から選抜し、これを戦車隊の広田敏夫大尉が指揮することになった。8月初旬、彼らは東京近郊の福生飛行場に集結した。作戦決行は8月末と定められたが、周知のとおり15日には日本の無条件降伏が宣言された。

　一方、海軍は、先に陸軍が義烈空挺隊投入を目論んで結局挫折したのと同様の、マリアナ諸島のB-29発進基地を狙った空挺特攻を計画していた。名付けて「剣作戦」という。6月下旬、山岡大二少佐率いる呉鎮守府第101特別陸戦隊の水兵300名が、その作戦準備に入った。この部隊は本来「S特作戦部隊」、つまり潜水艦との合同作戦部隊として編成された。潜水艦に乗艦して敵前上陸を敢行するのが、その主任務とされた部隊である。だが、このとき彼らは"ベティ"こと一式陸上攻撃機30機による空挺作戦に臨むことになった。一式陸攻の航続距離（3,750マイル≒6,035km）ならば、途中の再給油なしでもマリアナ諸島までの片道任務は可能だった。当初、決行日は7月24日と定められたが、7月14日に米軍艦載機が海軍三沢基地に来襲し、作戦に充当予定だった爆撃機が損害を受けた。そのため、8月19日に延期されたのだった。なお、剣作戦は海軍の構想によるものだったが、7月下旬に至って、大本営の発令で陸軍の参加も決定、園田直大尉率いる挺進第一連隊300名が加わるとともに、爆撃機60機が用意されることになった。だが、8月15日の無条件降伏によって、本作戦もまた実現せずに終わった。

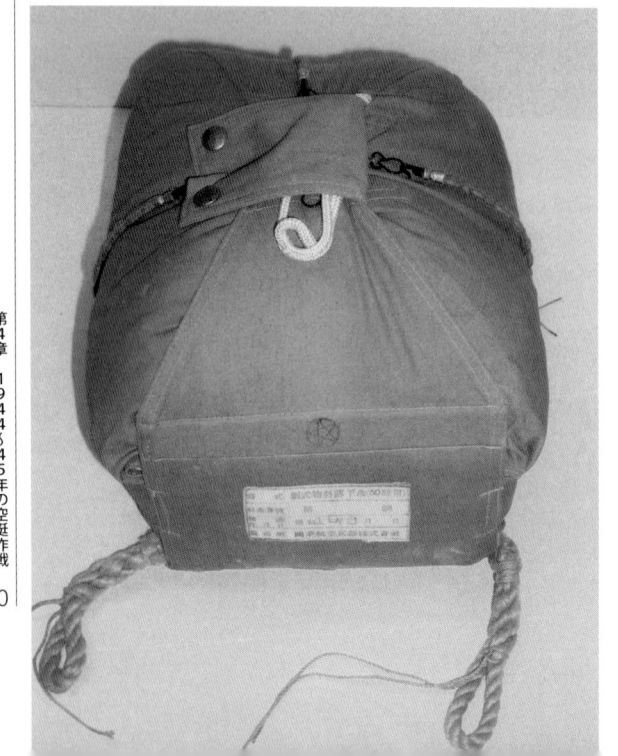

陸軍の物資投下用落下傘50kg用、1944年6月、国家航空兵器製。収納袋の色はダーク・タン、サイズは43cm×23cm×15cm。白い自動索がピン留めのフラップの下にたたみ込まれている。四隅についた環状のロープで物料箱に取り付ける。ラベルの上には、丸に線描きの五芒星という陸軍印が黒で押されている。（Velmer Smith Collection）

カラーイラスト解説
PLATE COMMENTARIES

A：帝国陸軍挺進部隊
A1：訓練時の挺進兵、1941年。
　ここに描かれているのは上下つなぎになった軽量の降下衣である。共布による一体型の布ベルトがつき、左胸にのみ、ポケット口が斜めに切り込まれた、ジッパー付きの大きなスラント・ポケットがもうけられた。袖口と裾は伸縮性をもたせてある。襟に階級章がつけられることもある。ヘルメットは布カバーをかけたゴム製で、帝国陸軍のシンボルマークである黄色の五芒星が入っている。足もとは短靴と呼ばれたアンクル・ブーツだが、標紐を通す鳩目孔が7対になっていて、5対の標準支給品より若干深いことになる。革製で裏地なしの夏用航空手袋も着用された。落下傘は一式傘、胸の予備傘囊はつけていない。
A2：挺進第二連隊員、パレンバン作戦時、1942年2月。
　作戦時の挺進兵は布カバーをかけた降下兵鉄帽を被る。陸軍では両脇にジッパー開閉式の長いベンツ（切りあき）がもうけられた袖なしの降下外被と呼ばれるスモックを試した経緯がある。だが、作戦時にはイラストのような長袖、ベンツなしのスモックが採用された。これは明らかにドイツの降下猟兵を手本にしたスタイルで、標準支給の野戦服（軍衣袴）と個人装備を装着した上に重ねて着用された。これに長いゲートル（巻脚絆）で足もとを固めて完成である。胸の予備傘囊はパレンバン作戦時のみで、その後の作戦では外された。低高度からの降下では予備傘の展開時間もないとして、代わりに火器装備が胸帯に取り付けられることになったからだ。
A3：作戦中の挺進隊将校、1942年。
　一式落下傘を背負った後ろ姿を描いたもの。このイラストのように、将校は戦闘時にひと目でわかるよう鉄帽の後面に白い丸を描くことがあった。
A4、A5：挺進兵徽章
　挺進兵徽章はスモックには滅多につけられることがない。内地勤務時でも時折つけられた程度だ。陸軍の落下傘兵の認定徽章は金鵄章といって、初代神武天皇の東征の折に天皇の敵を戦場の上空から輝く翼で幻惑したという、古事記に登場する金色の鵄（とび）の伝説にあやかったもので、1941年に制定された。右袖上腕の中央が定位置。第一挺進団（後に挺進集団）の赤い部隊章は左袖につけられたようだ。

B：挺進第二連隊、スマトラ島パレンバン、1942年2月14日。
　第一中隊はP1飛行場に近い降下地帯から進撃したが、火器を梱包した物料箱が回収できただけ他の部隊よりも幸運だった。B1の兵は縛帯と予備傘、スモックも脱ぎ捨て、コットン製の九八式夏用軍衣袴姿である。武装はまだ南部十四年式拳銃のみ。スモックの上からベルトを締めたB2の兵は、雑嚢から九七式手榴弾を取り出したところ。B3は50kgの三号物料箱を開いて、木綿の袋状の緩衝材に保護された小銃を引き出そうとしている（図版E7をあわせて参照のこと）。

C：携行火器
　挺進兵は例外なく以下の火器を携行した。口径8mmの九四式（C1）または南部十四年式（C2）半自動拳銃、刃渡り39.4cmの三十年式銃剣（C3）、九七式（C4）または九九式（C5）手榴弾を少なくとも2個。対戦車攻撃やトーチカの鉄扉を爆破するのに用いられる磁石つき1.22kgの九九式破甲爆雷（C6）は、二段式の金属製円筒ケースに収納された信管／雷管とともに、専用の爆雷嚢に入れて支給された。使用する際に信管を爆雷本体にねじこみ、点火部を固いものに打ちつけると10秒後に爆発する。
　海軍の落下傘部隊は当初、口径6.5mmの三八式騎兵銃（C7）を使用した。落下傘降下兵用に改修された分解式小銃（略称テラ銃）が初めて登場したのは1942／43年のことだ。1941年試作の、床尾が蝶番でたためる三八式騎兵銃は、強度に不安がありすぎて採用には至らなかった。携行降下できる小銃として陸軍が最初に開発を試みたのは、口径7.7mmの百式──銃身を取り外し可に改造した九九式短小銃──である。だが、ロッキング機構に問題があるとして、ごく少数が支給されたに過ぎない。降下兵専用の改良型は、1943年5月に二式小銃（C8/9/10）として採用され、同年後半から陸海軍双方の落下傘部隊に広く支給された。この分解式小銃は、キャンバス製の袋に一括収納して胸帯に取り付けるか、または二つの袋に分けて左右の脚に装着し、開傘後

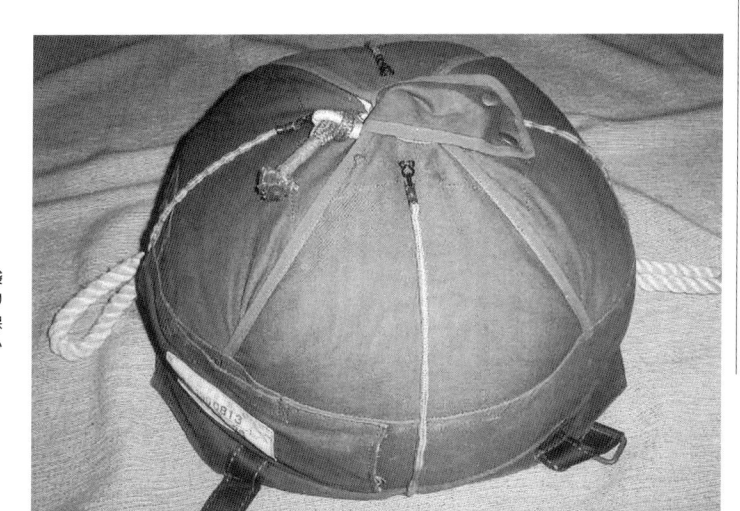

海軍の物資投下用落下傘50kg用、円形の収納袋はダーク・グリーン地にオレンジ色の縁取り、取り付け用のロープは白。この写真では、自動索は保護用のピン留めフラップに近い位置で切断されている。（横浜旧軍無線通信資料館蔵）

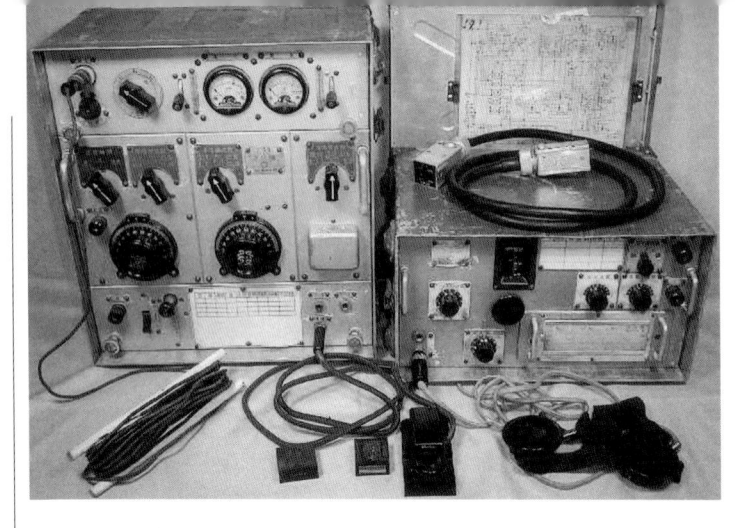

挺進隊が使用した陸軍地4号無線機(末期表記「ム-23無線機」)。左は送信機・右は受信機。盤面は輝く金属地肌のまま、躯体外被は茶がかったオリーブ・ドラブに塗装されている。ダイヤル縁、つまみ、スイッチ、タレット類は黒。送信機盤面に並んだアーチ形のラベルは左から順に黒、赤、緑、赤。スプールに巻かれたワイヤアンテナと、モールス信号用の電鍵、イヤフォン一式が付属する。有効距離は約100km。ただし、1942年2月のパレンバン作戦にはまだ投入されず、その際は偵察機が搭載していた鳶1号無線機を地上で使用するため改修したものを使った。(横浜旧軍無線通信資料館所蔵)

に短いロープで吊りさげて地面に降ろす。その他、キャンバスと革の挺進兵用一式弾帯(C11)は胴体下部に締めた。これには実包5発ひとまとめの挿弾子が2個ずつ入る小銃弾嚢×7個と手榴弾嚢2個が連なっている。手榴弾は上下逆に入れられ、信管覆部分が革で補強された底部におさまるようになっていた。

D：帝国海軍落下傘兵
D1：兵営の海軍落下傘兵、1942年。
　海軍落下傘兵は、普通の略帽に似てはいるが、耳の部分が空いて、しかも顎紐が一体化した独特の帽垂れの付いた軽量の落下傘兵用略帽を被った。作戦時はこの上に鉄帽を重ねる。海軍のシンボルである黄色の錨の徽章に注目。彼らに支給された専用の降下衣袴は、そのまま戦闘服としても機能した。ここに描かれた型の降下衣は、右胸に拳銃用の傾斜したポケット、左胸には手榴弾用のポケットが2個もうけられている。蛇腹状の襠がついた大きなポケットが左右の胸に配され、裾には弾薬あるいは手榴弾用の小さいポケットが左右に3個ずつ並んだ型違いもある。スナップ留めの胸ポケットは、落下傘の縛帯が重なることも考えて、やや低い位置につけられている。降下袴のさまざまな──救急用品や圧搾口糧、赤白の信号用手旗その他を入れる──ポケットの数と配置にもバリエーションが見られる。降下袴はサスペンダーで吊ったうえに腰紐で固定し、もたつかないように履く。裾は降下靴の中に入れるが、飛び出してこないようゴムのストラップがついている。シャツは海軍の標準支給品である。右袖には下士官兵の職種別等級章。

D2：作戦中の海軍落下傘兵、1942年。
　同じ降下衣袴だが、こちらは海軍一式落下傘特型の縛帯を装着した作戦中のスタイル(図版E4をあわせて参照のこと)。略帽に鉄帽を重ねて、顎紐でしっかり固定している。足もとに描かれているのは頑丈な落下傘携行袋。海軍の場合はダーク・グリーンかオリーブ・ドラブ。陸軍の携行袋はオレンジ色だったが、1942年からライト・タンもしくはオリーブ・ドラブに変更された。

D3：作戦中の海軍落下傘兵、1942年 (後ろ姿)。
　一式落下傘特型の主傘嚢がよくわかる。図版A3にも見られるが、キルト(刺し子)の背当てに注目。

D4：海軍落下傘兵の特技章
　青地に赤、夏季には白地に黒の海軍の円形の職種別等級章は、1942年11月に四角の盾形に改められた。だが、落下傘部隊はその頃すでに解隊されつつあったので、その新しいデザインによる等級章は作られなかった。三等・二等・一等水兵の等級章は、それぞれ兵科のシンボルマークである錨が1本・2本交差・桜の花の下に2本交差の錨をあしらったデザイン。三等・二等・一等兵曹の等級章は、同じモチーフがリースで囲まれたデザインになっていた。

E：落下傘と物料箱
　落下傘は、ほぼ独占的に藤倉航空工業株式会社が製造した。絹の輸出大国であった日本と戦争状態にあった諸外国では、落下傘々体を絹製からレーヨンあるいはナイロン製に切り替えざるを得なかったが、日本は絹(羽二重の白生地)を使いつづけた。白以外の、目立たない色は数々あるが、結局採用されなかった。コットンキャンバス製の落下傘嚢は、たとえ落下傘を使用しなくとも、一ヶ月に一度は詰め替える必要があった。戦中を通じて、落下傘の品質と技術水準の高さは変わることがなかった。縛帯は約1,360kgの負荷に耐える絹／綿混紡、離脱器などの装着金類はクロム鍍金のスチール製である。

E1：陸軍一式主落下傘
　陸軍の落下傘嚢はオレンジ色に縁取りテープがダーク・グリーンという配色。結束用のゴムロープはオレンジ、自動索は黄色。

E2：陸軍一式予備落下傘嚢
　配色は主傘嚢に同じ。開傘索は赤。

E3：海軍一式予備落下傘嚢
　陸軍の装備と逆転したような配色であり、黒い錨がスタンプされている。

E4：海軍一式主落下傘特型
　両肩のあいだのV字環に吊索がひとまとめに結びつけられている一点吊り方式を採用したところが、従来の一式傘との違い。

E5：陸軍四式主落下傘

E6：陸軍四式主落下傘縛帯
　戦争末期になると、ダーク・タンあるいはオリーブ・ドラブの落下傘嚢が見受けられた。

E7：陸軍50kg物料箱
　長さ104cmのアルミ製、断面は長方形になるが角は丸く削られている。全体は明るいオリーブ・ドラブに塗装され、金具類はスチール・グレイ、固定用の革のストラップは茶色。底面にはキャンバスのカバーをかけたクッションが取り付けられた。上端には環状にしたロープとトグルを介して落下傘嚢を装着する。内容物は──このイラストでは塹壕構築に使用するスコップ類だが──白い木綿の袋状の緩衝材で保護される。

海軍試製2式空8号無線電信機2型。海軍落下傘部隊は軽量の無線装置を要求していたが、1942年の蘭印作戦には間に合わなかった。同年末、この無線装置が試作型として開発されたが、落下傘作戦に投入されることはなかった。その代わり、また別の特別陸戦隊によって使用された可能性もある。サイズは22㎝×20㎝×7㎝、ダーク・グリーンに塗装されたうえに、白でマーキングが記入されている。（横浜旧軍無線通信資料館所蔵）

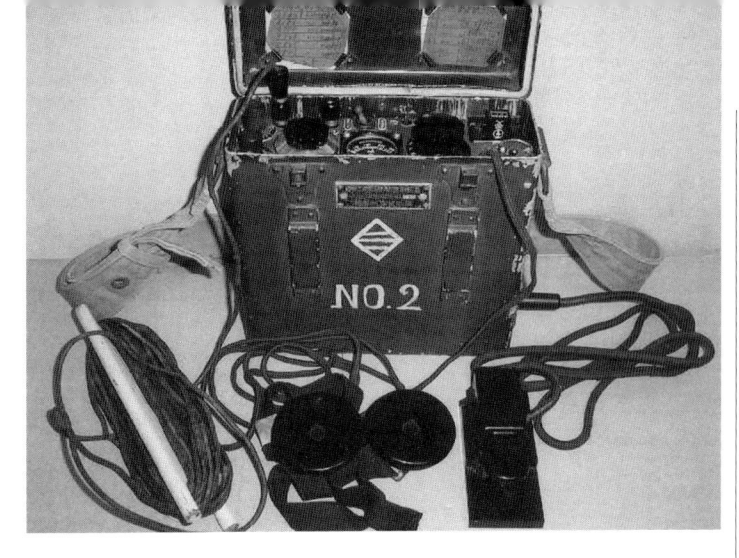

F：横須賀第一特別陸戦隊、セレベス島メナド、1942年1月11日。

ランゴアン飛行場に降下後、第一中隊は、火器を梱包した物料箱をさしたる支障もなく回収できた。F1の兵が手にしているのは、海軍落下傘兵に支給された口径6.5㎜の三八式騎兵銃。三十年式銃剣が取り付けられている。17個のポケットが連なる布製弾帯2本を胸前で交差するよう肩から回し掛けているが、これで小銃実包85発×2を携行している計算になる。F2の兵は、口径50㎜八九式擲弾筒を操作中。その4発入りの弾嚢×2が腰のベルトに通されている。F3は、海軍の円筒形物料コンテナ30㎏用。塗装なしのアルミ地肌のままである。内容物はすでに取り出されたあと。サイズは107㎝×36㎝。識別用の赤い帯と、緑の固定用ストラップ、物料傘嚢が目を惹く。

G：携行火器

標準支給品の口径7.7㎜九九式軽機関銃は、もともと銃身をはずして素早く交換できる構造になっており、床尾も取り外し可、中空の銃把は起倒式にして支給され、1943年から使用されている（G1、G2）。全長1,180㎜、重量10.4㎏、30発の弾倉給弾方式で、発射速度は850発／分である。また、当初は機関短銃はほとんど使用されなかったが、1944年のフィリピン展開に際して、大量に支給された。装備編成表には記載されていないが、「高千穂部隊」の生存者が、1個連隊あたり100挺という供給数だったと証言している。口径8㎜の百式機関短銃は3型が使用されたが、1940年に初めて導入された時点で、すでに銃身は取り外し可だった（G3）。これを一部改修して銃床を折りたたみ式とし、消焔器を撤去したのが1942年に登場する（G4a、4b）。全長860㎜、折りたたんだ状態では560㎜、重量3.4㎏、発射速度は450発／分。1944年登場のさらなる改修型（G5）になると銃床は折りたたみ式ではなくなり、重量3.9㎏、全長910㎜、発射速度は850発／分。いずれも30発入りの弾倉給弾方式である。一緒に支給された百式銃剣は刃渡り20㎝（G6）。連合軍兵士には二ー・モーターすなわち「膝撃ち迫撃砲」と誤って呼ばれていた口径50㎜の八九式擲弾筒（G7）は重量4.7㎏、1943年支給の降下部隊用駐鈑（G8）が取り外し可（もっとも、標準支給型でも駐鈑と撃発機構はネジを緩めて外し、筒身に収納してコンパクトに携行できるようになっていたのではあるが）。これは重宝な携帯火器で、弾種は榴弾（G9a）と黄燐弾（G9b）、射程は約640m。さらに、発射薬筒を装着した九一式手榴弾を180mほど飛ばすこともできた。その他、各種の発煙弾や閃光弾も発射可能。三つ星マークのついた閃光弾（G9d）もそのひとつ。携行にはキャンバス製の擲弾筒嚢に入れて、これを肩から提げたが、降下部隊用として胸に装着できる擲弾筒嚢も作られた。陸軍将校は35㎜十年式信号拳銃（G10）を携帯することもある。海軍の場合は28㎜九七式（G11）。（G12）は弾嚢が17個連なった、海軍の布製弾帯。

H：帝国陸軍空挺部隊、1944〜45年。

H1：高砂族遊撃隊「薫空挺隊」の隊員、1944年11月26日、ルソン島クラーク航空基地。

偽装用の布カバーとネットをかけた鉄帽と軍衣はいずれも標準支給品。襟章は彼が一等兵であることを示している。片道出撃のためか、全体に軽装ではある。夜戦の識別用として兵は白い腕章、将校と下士官は白い襷を、それぞれ着用した。携行火器は九九式短小銃と九九式軽機関銃。一部皮革製のキャンバスの軽機弾嚢は腰に提げた。また、台湾の先住民族出身の兵は、彼らのあいだに古くから伝わる短剣を腰に吊している。胸前に掛けている雑嚢の中身は爆薬と手榴弾。さらには拳銃も携行し、一式弾帯にその弾倉と手榴弾をおさめた。右の腰には糧食と各種用具を入れた雑嚢と水筒を重ねて提げた。背中には天幕兼用雨具を丸めて背負っているはず。

H2：第二挺進団員、1944年12月6日、ルソン島クラーク航空基地。

ブラウエン飛行場群への挺進作戦に際し、挺進第三および第四連隊は新しい装備を支給され、このとき初めて基本的な歩兵火器を携行して降下した。布カバー付きの鉄帽と軍衣そのものは変更なし。二式小銃、九九式軽機関銃、百式機関短銃の弾薬以外にも、彼らは個々に手榴弾2個・対戦車手榴弾2個・発煙弾2個・九九式破甲爆雷2個・爆薬6個・シャベルとロープ約30mを所持した。分解式の火器は、両脚に装着するバッグに分けて収納する。足首を広く取り巻くバンド部分には雑嚢が縫いつけられていた。傘体が開いたら、降下者は脚部のバッグを固定するテープの結び目を解く。バッグは3mのロープに吊り下げられて着地する。ここに描かれた兵が手にしているのは小銃弾の挿弾子3個入りの包み。落下傘は新たに支給された四式落下傘。

H3：義烈空挺隊の志願兵、健軍飛行場、1945年5月24日。

義烈空挺隊は、出撃直前の搭乗シーンが写真に残されている。それによれば、彼らは略帽だけを被り、黒と暗緑色のスジ状迷彩を手描きで施した防暑軍衣を着用している。また3名で1班を構成し、そのうちの少なくとも1名が柄付爆薬を携帯した。また、水筒と糧食入り雑嚢、九九式爆雷入りの背嚢は各人が携帯した。しばしば二式弾帯として描かれるベルトは、標準支給の兵用帯革を表裏逆にして、これにキャンバス製の九九式手榴弾、キャンバス製拳銃嚢、3個の仕切りがある拳銃弾倉嚢を差し込んだものである。

H4：未確認の徽章

1944年の落下傘部隊の徽章とされているが、詳細は不明。海軍のものという説もあるが、やはり正確な出所と用途も確認されていない。

翻訳参考文献

航空学辞典　木村秀政監修　地人書館　昭和34年
日本軍隊用語集　寺田近雄　立風書房　1992年
戦史叢書　第2巻　比島攻略作戦　防衛庁防衛研修所戦史室　朝雲新聞社　昭和41年
戦史叢書　第3巻　蘭印攻略作戦　同上　昭和42年
戦史叢書　第11巻　沖縄方面陸軍作戦　同上　昭和43年
戦史叢書　第26巻　蘭印・ベンガル湾方面海軍進攻作戦　同上　昭和44年
戦史叢書　第41巻　捷号陸軍作戦〈1〉レイテ決戦　同上　昭和45年
戦史叢書　第48巻　比島捷号陸軍航空作戦　同上　昭和46年
戦史叢書　第60巻　捷号陸軍作戦〈2〉ルソン決戦　同上　昭和47年
戦史叢書　第78巻　陸軍航空の軍備と運用〈2〉同上　昭和49年
戦史叢書　第87巻　陸軍航空兵器の開発・生産・補給　同上　昭和50年
大空の華—空挺部隊全史—　田中賢一　芙蓉房　昭和59年
海軍落下傘部隊　山辺雅男　今日の話題社　昭和60年
落下傘奇襲部隊　海軍落下傘会編　叢文社　平成2年
日本の軍装　中西立太　大日本絵画　1991年
日本の歩兵火器　中西立太　大日本絵画　1998年
服飾辞典　文化出版局編・刊　1979年
EQUIPMENT OF THE WWII TOMMY　David B.Gordon　Pictorial Histories Publishing Co.,Inc. 2004
UNIFORMS AND EQUIPMENT OF THE IMPERIAL JAPANESE ARMY IN WORLD WAR II　Mike Hewitt　Schiffer Publishing Ltd. 2002

◎日本語版監修者紹介｜鈴木邦宏

1958年、愛知県豊橋市生まれ。模型メーカー「ファインモールド」代表取締役社長。「ファインモールド」はインジェクションキットとしては主に旧日本軍の軍用車両や航空機やドイツ軍の航空機などからアニメ作品に登場するメカまで幅広いキットを発売している。鈴木氏自身、旧日本軍車両の研究家としても知られている。

オスプレイ・ミリタリー・シリーズ
世界の軍装と戦術　6

日本軍落下傘部隊

発行日	2009年8月27日　初版第1刷
著者	ゴードン・L・ロトマン＆滝沢彰
訳者	九頭龍わたる
発行者	小川光二
発行所	株式会社大日本絵画 〒101-0054　東京都千代田区神田錦町1丁目7番地 電話：03-3294-7861 http://www.kaiga.co.jp
編集・DTP	株式会社アートボックス http://www.modelkasten.com
監修	鈴木邦宏
装幀	八木八重子
印刷/製本	大日本印刷株式会社

© 2008 Osprey Publishing Ltd.
All rights reserved.

Printed in Japan
ISBN978-4-499-23000-1

Japanese Paratroop Forces of World War II
Gordon L Rottman & Akira Takizawa

First Published in Great Britain in 2008 by Osprey Publishing,
Midland House, West Way, Botley, Oxford, OX2 0PH, UK

Japanese Edition Published by Dainippon Kaiga Co.,Ltd

© 大日本絵画 2009
掲載記事・写真・図版等の無断転載を禁ず